包裝設計點線面

U0050312

新形象出版事業有限公司

序言

　　隨著經濟的繁榮、國人生活品質的提昇、包裝設計亦廣受重視。

　　包裝是給予人視覺的第一印象，往往我們會以包裝的優劣來選購物品，因此包裝應適當地表達其機能；此外，還需活用於消費者之生活所需才是。包裝的範圍相當廣泛，舉凡包裝材料、包裝設計與印刷及相關設備均屬之，可說是涵蓋了包裝世界點、線、面整體發展，因此講求產品功能、美觀設計及高品質、高附加價值是潮流所趨。

　　本書除了探討包裝的領域之外、亦說明了基本設計理念、材料的認知及包裝設計之過程及方法、運用、包裝管理系統化等，同時也特別感謝，傑森創意小組的王正欽先生及王芳技小姐、歐普設計有限公司的王炳南先生、智慧取向有限公司的江美華小姐、石漢企業的邢公權先生、米開蘭設計公司的孫進財先生、巨頂攝影有限公司的黃素美小姐、頑石設計的程湘如小姐、點綴設計公司的馮志雄先生、台灣廣告公司的詹朝棟先生、富格廣商企業有限公司的鄭志浩先生、美爽爽化粧品的賴靜生先生、（依筆畫順序），提供許多寶貴之資料，而能順利完成，由衷的感謝。

編輯部　1993年秋

目錄

包裝概論
一、包裝的起源

　　自人類從穴居時代，就利用獸皮和果殼……等來儲存食物，而形成了包裝之雛形，此時期包裝之素材大都採自大自然的材料。

　　十八世紀工業革命後，由於生產技術快速發展，產品成本大幅降低，包裝問題成為儲運和貨暢其流的重心。

　　一九三〇年由於經濟不景氣，廠商為了促進商品的銷售、開始注重包裝設計，目的是加強產品的行銷市場；包裝不但可加強產品的保護性、提升產品的價值，也兼具了促進銷售的功能。

　　一九四〇年第二次世界大戰，藉著軍需物質，使其包裝技術顯著的進步。

　　發展至今「輕量化」、「小體積」的包裝不再局限於促銷、保護的需求，更演變成包裝的衛生、安全、保護和環保等需求。

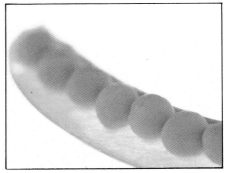

● 豌豆夾如同包裝中的泡殼包裝，運用最廣泛的是膠囊與零件。

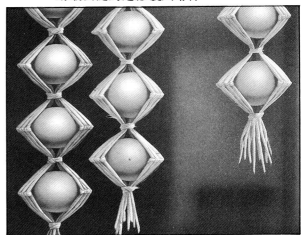

● 人類從自然物中獲取原始材料作為盛裝、保護物體的包裝用途。

包裝型態發展流程圖

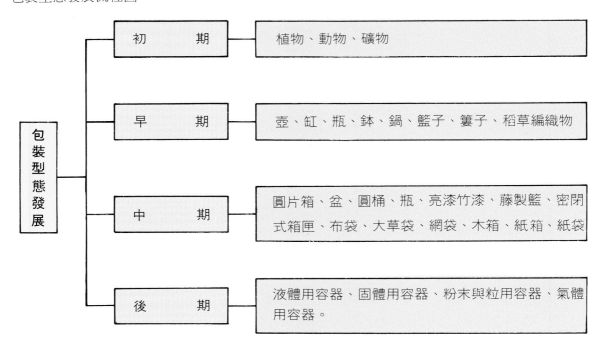

包裝型態發展		
	初　期	植物、動物、礦物
	早　期	壺、缸、瓶、鉢、鍋、籃子、簍子、稻草編織物
	中　期	圓片箱、盆、圓桶、瓶、亮漆竹漆、藤製籃、密閉式箱匣、布袋、大草袋、網袋、木箱、紙箱、紙袋
	後　期	液體用容器、固體用容器、粉末與粒用容器、氣體用容器。

二、包裝的重要性

　　現代經濟發展迅速、消費者主觀意識抬頭，然而包裝在行銷中必成了重要的一環。

　　包裝又分為個裝、內裝、外裝：

(一)個裝：又稱為商品包裝。是市場銷售最小包裝單位，與產品最直接的包裝；將產品裝於包裹、袋子或容器等，以封緘之技術或實施之狀態，可作為商品標誌及CIS視覺傳達。

(二)內裝：指包裝貨物的內部包裝。目的在於保護產品的基本包裝以一個或二個以上單位予以整理包裝，另為保護物品，而對其水份、濕氣、光熱、衝撞、擠壓……等外力因素，而不會引起內容物破損，更須具有促銷產品的視覺展視效果。

(三)外裝：又稱工業包裝。其目的以運輸貨物為主，包括木箱、瓦楞紙箱、塑膠盒、輸送袋……等，其在於保護及搬運作業，並施以緩衝、固定、防濕、防水等技術，最終目的在於物流系統，儲存裝運及識別產品之包裝情形。

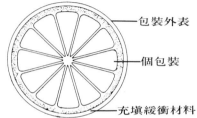

包裝外表
個包裝
充填緩衝材料

● 內辦的個包裝形態、內膜具有保利龍之充填效果，保護產品，外皮可防止水份蒸發，及特殊的外形與鮮美的色彩、同時具有識別與自我推銷的功能

● 個裝

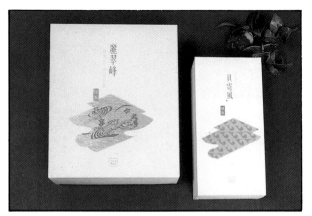

● 內裝

● 外裝

5

包裝設計牽涉的範圍相當的廣泛，包括美學設計、美術心理學、人體工學……等，以此理念來分述產品包裝設計的十項檢核點：

(一)包裝設計要符合並提昇產品本身的價值性。

(二)好的包裝必須顧及到經濟性。

(三)包裝設計必須能夠搬運方便，並有儲存性。

(四)包裝設計要配合環保觀念。

(五)包裝設計能以輕量化為主。

(六)包裝本身形象化設計有助於企業形象的提昇。

(七)商業性包裝應當注意〝新〞和〝美〞，引起顧客購買慾望，促進銷售。

(八)工業包裝需考慮以堅固安全的保護為主。

(九)包裝設計需考慮內包裝與外包裝，外包裝設計有保護性、搬運性、防水、防火、固定等技術，同時有補強封緘，或加上標誌等，而內包裝則是易於整理包裝於容器中（加上外包裝）。

(十)就包裝美術心理學而言，好的包裝在於創意上或者是圖案符號及設計標誌上都有獨特性的地方才能引起消費者注意。

● 包裝設計要符合並提昇產品本身的價值性

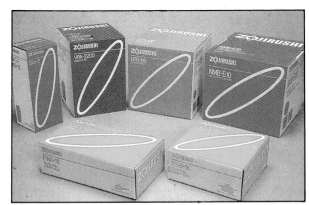

● 工業包裝主要重於產品的保護性，並達到美感和安全性

● 包裝本身形象化設計有助於企業形象的提升

● 商業包裝設計具有美感與識別性

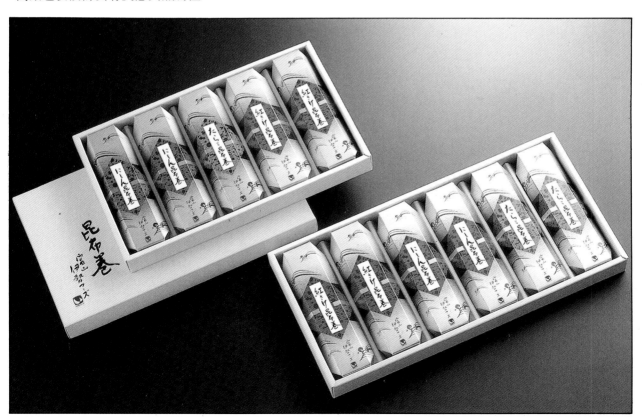

● 商業包裝以美感為主，同時能吸引消費者的購買慾望，達到促銷目的

包裝的設計領域
㈠包裝的分類

包裝是在商品搬運、儲存、運輸之時所做的保護，在生產與消費分開的經濟活動裡，包裝是迫切需要的。

1.商業包裝

通常是以零售爲主，也是商業交易的對象，是商品的一部份，著重銷售的易賣性，以新穎和美觀的外表來滿足消費者激起購買慾望，所以又稱爲消費性包裝。

2.工業包裝

以產品或物品的運輸保管爲主要包裝，著重於產品的儲運保護性，以陸、海、空運的裝載容積，促進儲運的合理化。工業包裝的對象包括非消費者使用的原料、零件、半成品或成品等，包裝的方法隨物品性質與儲運的環境而異，所以又稱爲運輸包裝。

3.個裝

在市場銷售中最小的包裝單位，是將產品物品的一部分或全部包裹，裝於袋、容器中，而加以封緘，可做爲傳達商品標誌和商情的媒介，例如單包的餅乾包裝。

4.內包裝

將產品或個裝，以一個或二個以上的適當單位，加以整理包裝或裝於容器，另外爲了保護產品、個裝，在容器內再加保護材料，例如5包或10包的餅乾裝入內包裝，便成了一盒餅乾，適用於送禮或批售。

5.外包裝

以運輸品爲目的，考慮保護和搬運作業，而裝於箱、袋內或捆包，並視其需要加以緩衝、固定、防潮濕、防水等，外包裝通常需加封緘、補強、標誌等。如24盒的餅乾盒，再裝入外包裝箱內，方便配銷各經銷商作業。

6. 內裝的保護

是物理性機能，著重於包裝容器內容物的保護，需要具備極佳的緩衝彈性、阻擋力和支撐力，來達到緩衝和固定的效果，如電腦或較爲精密的儀器包裝，特別需要這項保護措施。

7. 處理上的便利性

同屬於物理性機能，著重裝卸、搬運和使用的便利性及儲運成本的合理化。亦是商品不直接作零星的搬運及裝卸，而將其歸納

項 目	分 類	包 裝 名 稱	
①	依使用目的	商業包裝	Commercial Packaging
		工業包裝	Industrial Packaging
②	依形態	個裝	Item Packaging
		內裝	Inner Packaging
		外裝	Outer Packaging
③	依機能性	內裝品的保護	Protection
		處理上的便利性	Handling Convenience
		銷售的促進	Sales Promotion

成一大單位；利用機械化作業的方法較爲便利。如集合包裝、單位化包裝系統的實施。

8. 銷售的促進

屬於心理性機能，著重消費者的購買慾，以創意性的文字、符號、圖案、標誌及色彩，表現在產品的包裝上，例如講求設計韻味、色彩風味，促進銷售。

● 香煙的個裝

● 果醬的個裝

● 果醬的內包裝（適合送禮）

● 果醬的內包裝（24個個裝具批售功能）

(二)商業包裝的設計領域

1.結構設計要領

(1)設計著眼點

決定用料和正確的加工法

具有陳列在櫥窗的價值

(2)產品包裝的協調

保護產品

包裝時的設備

儲藏與運輸

使消費者取用便利

經濟條件

競爭力

2.視覺圖案設計要領

(1)設計的著眼點

視覺圖案設計：包含了型態、線條、文字、插圖及色彩等因素，具促銷作用。

包裝視覺表達資料：產品說明、廠牌名稱、商標、體積、淨重、數量、使用說明、插圖、標準字體、政府的許可證號、條碼及廣告資料。

設計測驗：設計師要作出許多好的作品，必需要從視覺效果實驗、貨架陳列實驗、消費者意見調查等，得到消費者喜愛的產品類型。

(2)視覺圖案設計考慮要素

市場：顧客的年齡、性別、婚姻狀況、收入、社會或文化背景、種族、外銷途徑、風險。

陳列：貨架、櫃枱、櫥窗、視平線的高低、銷售加強措施。

競爭：構造及表面圖案、產品的品質競爭。

認同：特徵、品牌、商品說明名稱。

吸引力：設計及色彩、陳列，自我推銷或引起回憶之價值。

商業包裝之設計範例

項目	類　　　　　型	代　　表　　作　　品
1	紙袋、紙盒包裝容器	購物袋、禮物包裝紙袋、固定紙盒、摺成紙盒、紙罐、液體包裝盒、利樂磚無菌包裝、特殊造型紙盒、陳列式禮盒、防靜電包裝紙盒、紙杯容器
2	竹皮包裝容器	食品包裝
3	木盒包裝容器	創意美粧盒
4	泡殼包裝	電池包裝
5	密著包裝	五金包裝
6	塑膠包裝容器	PET包裝、吹氣成型包裝容器、液體定量包裝容器、複合成型包裝容器、發泡塑膠包裝容器、輕量化塑膠包裝容器、超薄型包裝容器、塑膠軟管包裝
7	塑膠薄膜包裝	花束包裝、高溫調整殺菌包裝、填充鮮度保持劑包裝、收縮膜包裝
8	塑膠＋鋁箔複合包裝	果醬包裝容器
9	鋁箔包裝容器	鋁箔殺菌包裝袋、小袋包裝、棒形包裝
10	鋁罐包裝系統	圓形易開罐、方形易開罐、積層複合材易開罐
11	玻璃包裝容器	窄口瓶、粗口瓶、附把手的大型瓶、藥水瓶、化粧瓶
12	精緻化包裝容器	甕器、集合包裝

● 摺成紙盒／視覺圖案設計具趣味性

● 摺成紙盒

● 摺成紙盒

● 摺成紙盒

● 輕量化包裝

● 鐵盒包裝

● 紙盒包裝容器（紙罐）

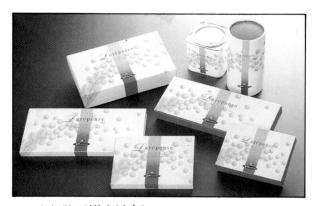

● 紙盒包裝（摺成紙盒）

● 木盒包裝容器

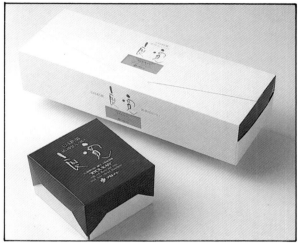

● 紙盒包裝（摺成紙盒）

● 鋁罐包裝（圓形易開罐）

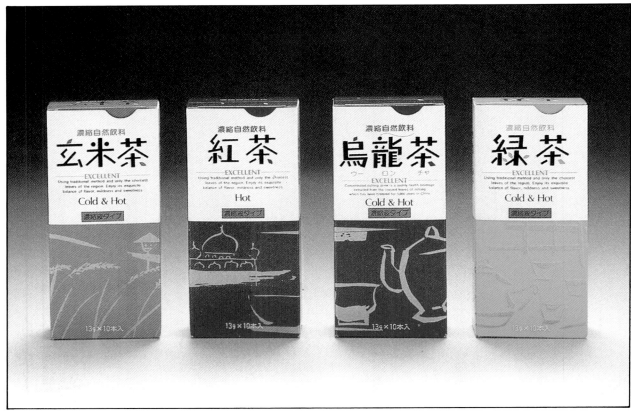

● 紙盒包裝容器　利樂磚無菌包裝

● 紙盒包裝容器 （利樂磚無菌包裝）

● 玻璃包裝容器

● 塑膠包裝容器 （塑膠軟管包裝）

● 泡殼包裝 （電池包裝）

● 鋁罐包裝系統 （圓形易開罐）

● 鋁箔包裝容器（鋁箔殺菌包裝袋）

● 塑膠＋鋁箔複合包裝

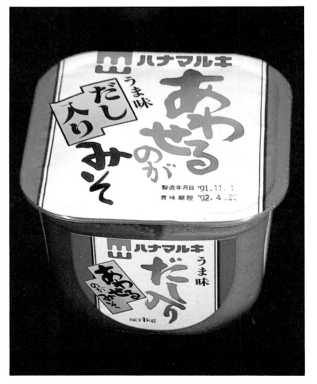

● 塑膠＋鋁箔複合包裝

● 紙袋包裝容器

● 液體包裝盒

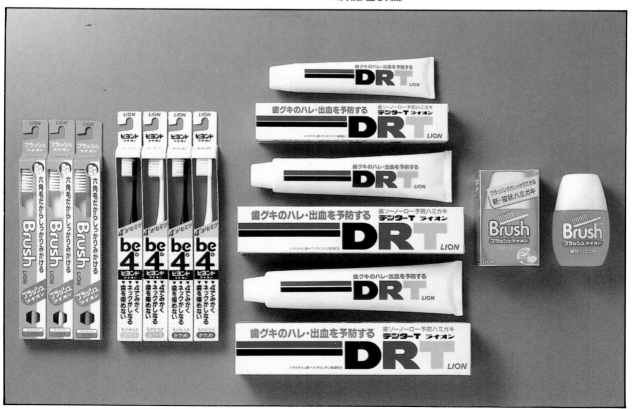

● 塑膠包裝容器

㈢工業包裝的設計領域

1.工業包裝的定義

工業包裝可解釋成物的儲運，必需要有內裝及外裝，工業包裝又可稱為運輸包裝或儲運包裝。

工業包裝是為了儲運時所需要而完成的包裝，通常儲運還需輔助系統，有輸送、裝卸、保管、包裝及商業資訊等五種，其中除了商業資訊的性質稍有差異外，其餘四種相互之間則有密切的關係存在。

包裝作業通常是在生產線的末端，而生產線末端通常也是儲運的起點。

2.工業包裝的機能

⑴內容物的保護

包裝首要的目的是保護內容物，當在儲存運輸時不至於受外力的影響，所謂外力是指運輸時中的震動，裝卸或輸送時的衝擊，保存時堆積所受的重壓等。

其次是在儲運過程中對環境條件必需採取的保護。例如在容易潮濕的地方，就必需要有防濕、防銹的包裝保護；也有防止微生物、蟲類的侵害，而採的包裝。

⑵單位化

包裝時，將物品滙集成某個單位的作法，就是包裝的單位化，例如日用品，在零售店以一次取用為原則，來作為適當單位，但依物品的不同性質而有所區別。

⑶區分

依照商品種類而加以不同的包裝，則商品容易被區分；如以體積大小區分，以品質優劣區分。這種區分常用記號或顏色來區別。

3.工業包裝需具備的條件

⑴需發揮更經濟的機能：以前，由於有將商品過於保護，而形成過度包裝，使包裝費與運輸費提高，在成本上非常不經濟；所以最少程度的包裝，適度的方法保護產品，這都是降低成本的方法。

⑵需要與製造工程連接：包裝位於製造工程的末端，應與製造工程有很順利的連結方式。製造工程自動化，包裝工程儘可能自動化。

⑶便利貨物處理：貨物的包裝具有各式各樣的形態，為了在儲運過程時能順利處理，必需具備容易處理的包裝方式，在貨物儲運

● 包裝主要目的是在儲運過程中，採取適當的保護

時，受破壞的比例也比較少。

(4)給貨主方便：如貨主希望包裝的內容物，可以容易的取出，若是封裝方式不適當，則物品就不易取出，這時就得改變封裝的方式，同時，大型容器可附有開箱說明，可使貨主方便不少。

(5)廢棄物處理容易：被當成緩衝材料或固定材料的發泡塑膠材料，使用量已相當多，這些材料處理起來很困難，近年來有各種的再生利用方法，可解決這些困難。

4.工業包裝設計有關的因素

⑴商品的形態

液體、固體、氣體、粉體、粒體、有黏性的流動體，這些物質，所盛裝的容器及使用方法均各不相同。

⑵商品的特性

易損性—應施與適當的緩衝固定方法。

腐蝕性—應施與防銹方法

變質性—除施與防濕方法之外，還需做其它的防止變質的措施。

危險性與毒性—應依有關法規的規定來決定包裝的方法。

⑶儲運的特性

要視是否用機械作業或人力作業。交易單位是決定包裝單位的一個重要因素；交易單位大，不擬使用人力作業時，就應考慮採用較大的包裝單位。

⑷包裝的標示

包裝標示主要的功能，是為了防止不正確的搬運及便於儲存，以減少商品的破損；為了便於操作人員易於辨識並作小心的搬運，包裝貨物需賦予必要的警告標誌。為了避免人畜有所危險，也應有重量與體積的標示。

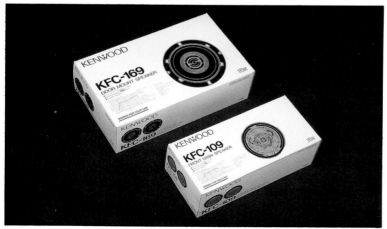

◀較為精密的物品需具有緩衝、防銹、防潮濕的措施
▲水果的包裝應具有緩衝和防變質的措施

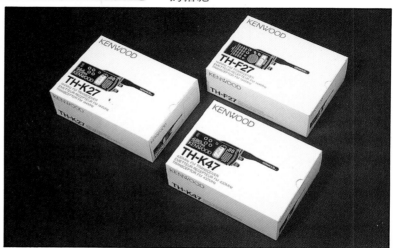

● 將產品固定且易取下，具緩衝功能

● 具緩衝功能之包裝

● 加工後的完成品

● 將產品裝箱後就具有運輸之功能

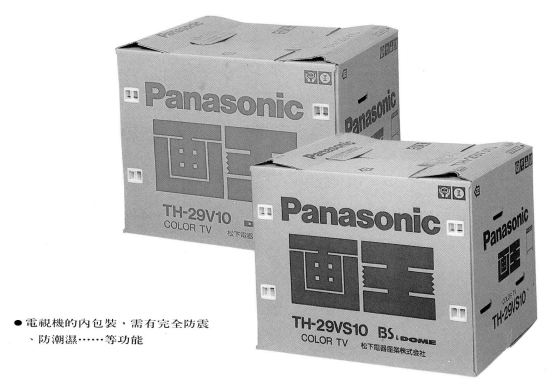

● 電視機的內包裝，需有完全防震
　、防潮濕……等功能

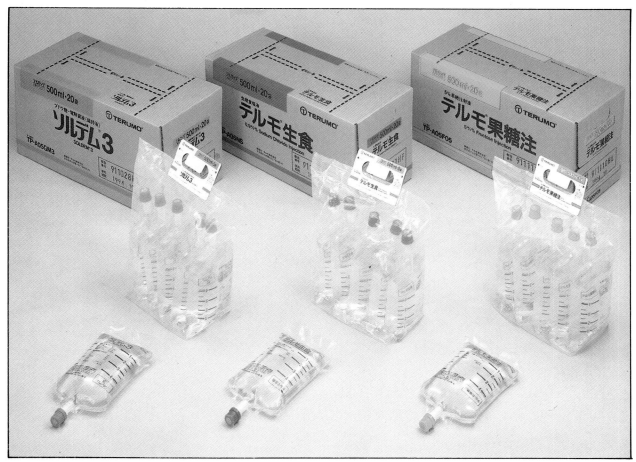

● 依產品的性質、特性，施與適當的包裝方法

● 以手提方式使水果在搬運時較爲容易

● 鐳射印表機是較爲精密的機器

● 較爲精密的儀器，需視其產品之性質，並採取適當的緩衝包裝

● 手提音響也是精密的機器，需要有防震的措施

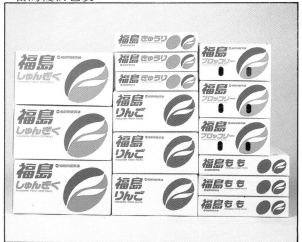

● 產品通常是以記號或顏色來區分其類別

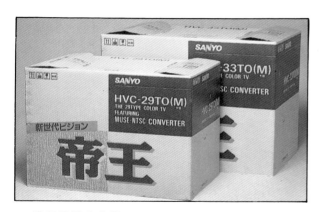

● 電視機的內包裝

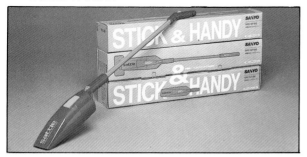

● 吸塵器的個裝

● 小型的蔬菜碾碎機

● 較爲精密的儀器，需視其產品之性質，並採取適當的緩衝包裝

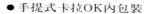

● 手提式卡拉OK內包裝

● 依色彩區分產品具視覺上的分類

紙與包裝
一、紙盒的種類與基本構造
（一）紙盒的種類

　　產品經由生產、販賣，以及消費等過程，必須有包裝、運送、保管、裝飾、保存、開封等許多的行為，而這就是包裝的功能。

　　因近代的技術革新而引起的生產結構、流通結構及販賣方式之變化環境中，過去包裝除了具有保護、保管、輸送商品的機能外，現今亦成為商品的一部份；要求其促進販賣的機能，及其合理性與使用性，乍見之下顯得複雜而奇怪，但其追求方便性的目的，可說是現今與往昔都是一樣的。

　　我們所見到無數形態的紙盒，從其完成的形態和製造行程上，大致可分為管狀的（Straight Style）紙盒和盤子形態的（tray style）紙盒。

一、直線式紙盒（Stralght Carton）

　　這是最常見的紙盒，屬於管狀的摺疊紙盒，生產性佳，容易進行組合。

　　其生產方法是將紙板沖壓出摺痕的模子，裝在製盒機器上，一邊摺疊一邊將側面相互黏起來，其基本構造有簡單的表面變形、組合等，應用範圍很廣泛，以紙盒的構造來講，可以說是最優異的一種。

㈠中船式（Sleeve）

　　這是直紙盒中最單純的形態，但因摺痕的變化，或裝入斜刃刀而可發展為富有想像力之紙盒、隔板等。可用來作為香煙盒、牛奶糖的盒子。

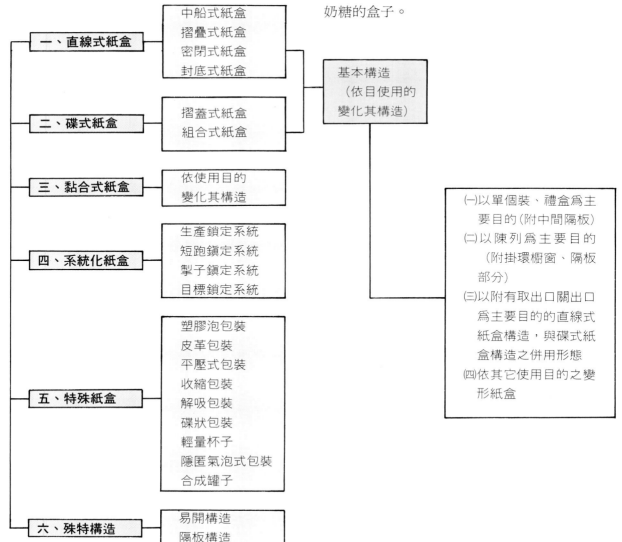

一、直線式紙盒 ─ 中船式紙盒／摺疊式紙盒／密閉式紙盒／封底式紙盒

二、碟式紙盒 ─ 摺蓋式紙盒／組合式紙盒

三、黏合式紙盒 ─ 依使用目的變化其構造

四、系統化紙盒 ─ 生產鎖定系統／短跑鎖定系統／掣子鎖定系統／目標鎖定系統

五、特殊紙盒 ─ 塑膠泡包裝／皮革包裝／平壓式包裝／收縮包裝／解吸包裝／碟狀包裝／輕量杯子／隱匿氣泡式包裝／合成罐子

六、殊特構造 ─ 易開構造／隔板構造

基本構造（依目使用的變化其構造）

㈠以單個裝、禮盒為主要目的(附中間隔板)
㈡以陳列為主要目的（附掛環櫥窗、隔板部分）
㈢以附有取出口關出口為主要目的的直線式紙盒構造，與碟式紙盒構造之併用形態
㈣依其它使用目的之變形紙盒

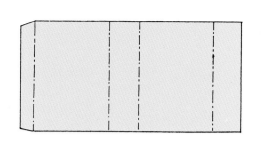

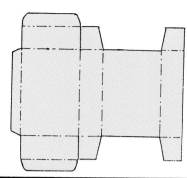

中船式紙盒

直線褶疊紙盒

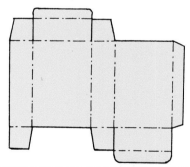

㈡**褶疊式紙盒**（Tuck－end Carton）

　　最常用來作香皂的包裝，是直紙盒的代表。因插入方式不同，可分為直線摺疊及反轉摺疊兩種。

㈢**密封式紙盒**（seel－end Carton）

　　此種是用漿糊將上蓋與底部黏在一起的紙盒，大多用來作藥品盒。充填速度快、是一種堅固的紙盒、直接將粉末裝入時，具有防止外漏的功能。

㈣**鎖狀底部紙盒**（Lock Botton Carton）

　　是將摺疊式紙盒的底部做成鎖狀的構造，以鎖狀底部。大多用來裝直式的商品，如：化粧品、藥品、酒類等，為承受某程度之重量、上部幾乎都是摺疊式，其底部用有膠水的一邊與另一底部快速黏在一起。

反轉褶疊紙盒

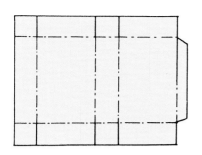

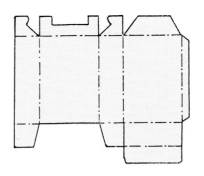

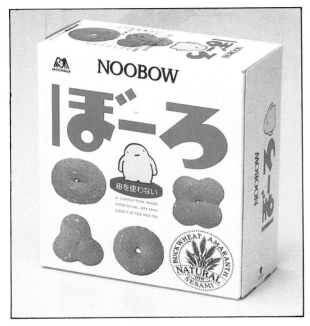

• 密封式紙盒

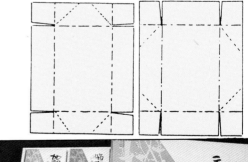

• 鎖狀底部紙盒

①雙件式紙盒（Two-piece Carton）

　　這是自古即被使用的形態，二個盤子分別做蓋子和容器本身，幾乎所有之商品都適用。

二、碟式紙盒 (Tray Carton)

　　具有船形或盤狀紙盒之名稱，除了直線式紙盒外，大多包括在此形態之中，以最簡單的摺疊式構造，可設計出各種摺疊式紙盒。使用時將沖裁好的紙板，用漿糊黏起來或用釘書針訂起來，大致可分爲摺疊式和裝配式兩種。用途非常應泛，如糖果、纖維產品和雜貨商品，都可用盤狀紙盒來包裝。

㈠摺蓋式紙盒 (Collapsible Carton)

　　此爲摺疊式紙盒的一種形態，由摺疊和黏貼而成。紙盒面積小，便於運送、庫存等處理，並且經濟實惠。

　　作摺角的折疊構造，可使紙盒的折法改變、根據其使用目的、形態上可產生單件式紙盒、雙件式紙盒、附有紙盒蓋的紙盒、展示紙盒等變化。

• 雙件式紙盒

②附有紙盒蓋的單件式紙盒（One Piece Carton with Hinged cover）

　　由1片紙板所製成，爲容器本身和蓋子連在一起的形態、以食品、糖果等用途最爲廣泛。

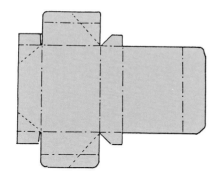

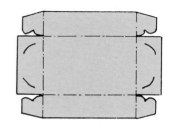

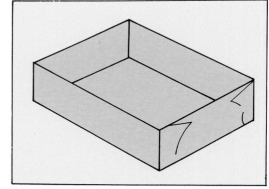

鎖定式紙盒

單件式紙盒

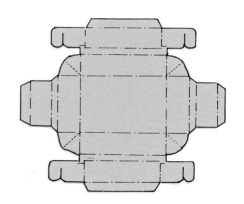

(二)組合式紙盒

　　這是一邊打出摺痕，一邊沖壓而成的紙盒，其基本構造大致上可分爲雙層式、鎖定式兩種。

①雙層式紙盒（D－W Carton）

　　把四面的壁板做成雙重的構造，再把底部反摺成口蓋，然後將四面延長的口蓋咬合起來，使壁板得以固定住，而不必用漿糊黏貼的紙盒。

②鎖定式紙盒（Locking Carton）

　　這是盤狀紙盒的膠黏口蓋改爲鎖狀口蓋，簡單的組合而成的紙盒，大多用來做爲裝三明治等簡易的紙盒使用。

雙層式紙盒

三、紙盒各部份的名稱

一、直線式

(一)中船式紙盒

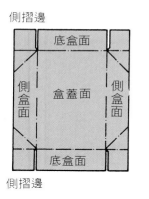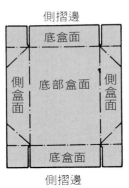

(二)密封式紙盒

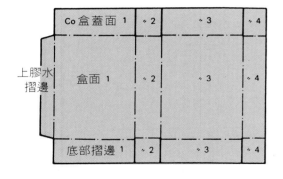

(三)封底式紙盒

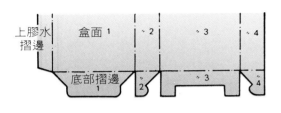

二、碟式

(一)反轉式線盒

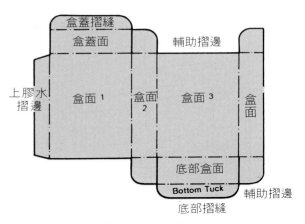

(二)組合式紙盒（雙面式紙盒）

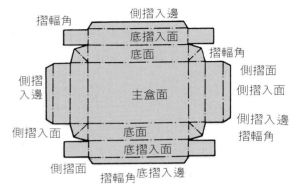

(三)組合式紙盒（鎖定式紙盒）

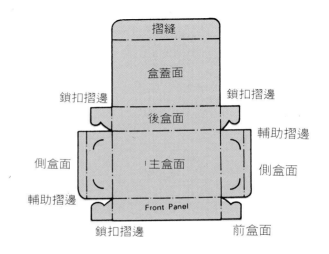

（二）紙盒的基本構造

包裝所要求的許多機能中，最基本的機能，是保護及包裹商品的機能，將一片紙板做機能性的切割、摺疊、裝配、連接或黏貼，其思考範圍越廣、越能發展出卓越的形態來。

一、鎖狀構造的基本形態及使用方法

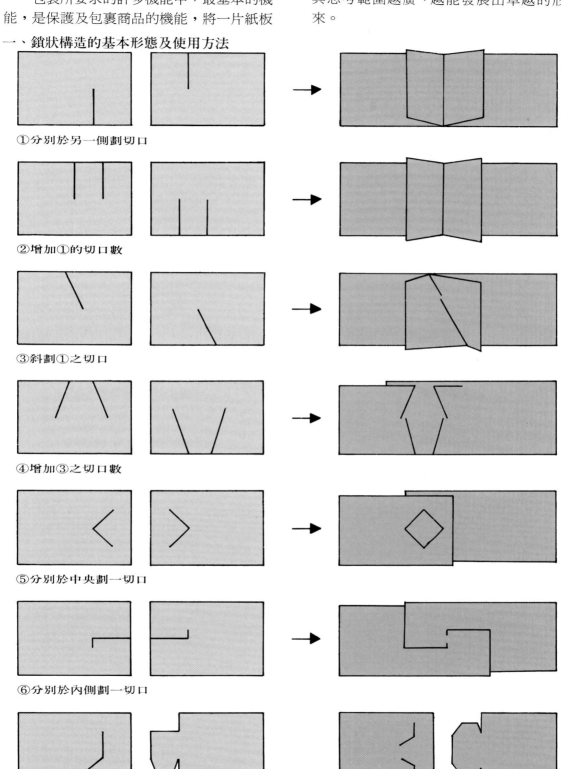

①分別於另一側劃切口

②增加①的切口數

③斜劃①之切口

④增加③之切口數

⑤分別於中央劃一切口

⑥分別於內側劃一切口

⑦分別於中央處劃切口摺疊連接起來

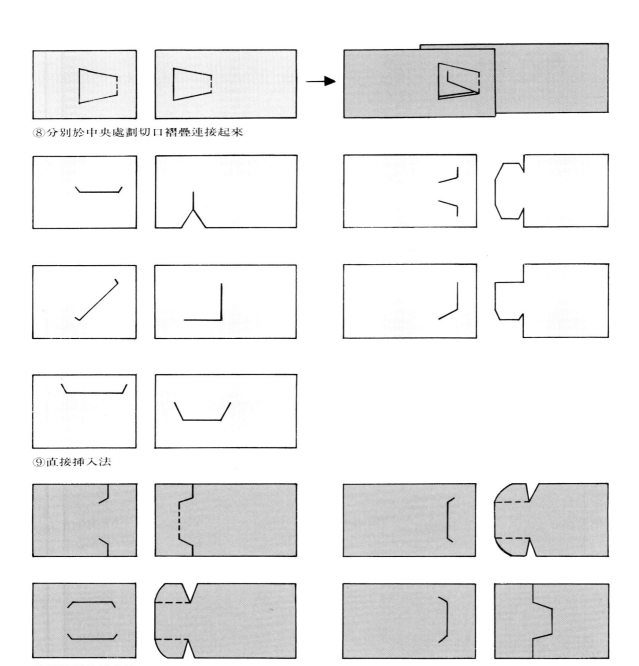

⑧分別於中央處劃切口褶疊連接起來

⑨直接插入法

⑩部份摺疊插入法

二、隔板的基本形態及構造分類

隔板主要機能是保護商品，此外，也要
求提高商品之價值。

具有隔板機能的紙盒	在紙盒內加入隔板構造之零件的紙盒。
	改變給盒的部分，使其具間隔機能的紙盒。
	發展隔板機能，形成紙盒形態的紙盒。

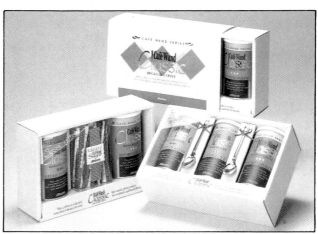

●隔版不但可保護商品，亦可提高商品之價值

二、選擇紙盒用紙之條件

　　紙盒不單具容器的保護機能，並在店面上具有展示之功能，也較為塑膠容器便宜，且使用後容易處置，因此被廣泛使用。

　　在選擇用紙時，須先充分的考慮下列三點之後，再考慮以下的幾點，以做適當之選擇。

(一)內容物的重量、形狀。

(二)紙盒之形態、機能、使用條件。

(三)運送保管之條件。

一、關於紙盒的目的與用途：

(一)關於強度

● 評量。

● 厚度。

● 水分率。

● 剛度。

● 破裂強度。

● 撕裂強度。

● 耐摺強度。

● 抗拉強度。

● 衝擊強度。

(二)關於展示的效果

　　為了提高陳列效果，使用適合印刷的紙質，是包裝必要的條件；當然，也需考慮到店內的長期保管，與日光問題；由這幾點來看，所需的條件可分為以下幾點：

● 適合印刷性（特別是油墨的接受性）、平滑性、光澤性。

● 耐光性（不易變黃）。

● 色彩度。

(三)基於內容物、保管條件所要求之性能

　　基本上來說，不讓有害物質進入內容物之食品上，是不可疏乎的條件，因此，必須按照其用途選定材料，關於紙的實驗通常是檢查螢光染料、重金屬、福馬林、PCB等；另外有時也應要求防腐性、無臭性之條件。

● 紙盒不單具有保護機能、在店面上亦有展示之功能

● 選擇用紙時，需考慮內容物的重量、形狀

二、關於紙盒製造及包裝的作業性

㈠適應印刷性

- ●平滑度。
- ●表面強度。
- ●吸水度、吸油度。
- ●水分率。
- ●尺寸度。
- ●層間強度。
- ●透氣度。

㈡適應沖壓性

　　沖壓機可用來裁紙和摺線，但刀刃要鋒利，以免切斷面發生毛毛的現象或產生紙粉，關於摺線方面，基本條件是容易摺線，並且不會產生裂痕。

㈢適應製盒性

　　製盒機是用來沿著摺線來摺彎、黏貼的機器，但必須先進行試驗，以確定是否耐得住高速製盒機的表面強度、撕裂強度、抗拉強度及平滑性等性能，同時也需確定黏貼時，外層紙是否會脫落。

㈣適應包裝性

　　紙盒放在充填包裝機時，最容易發生問題的是有不良之紙盒產生，起因大多是紙板因長期保存而產生摺線硬化、因水分的變化而發生紙板捲起、或剛度降低等；因此，紙板以容易摺線、含有適當的水分、及對戶外溫度變化不易產生伸縮的紙最爲理想。

三、關於經濟性

　　在針對紙盒做企劃時，能充分發揮其性能，理所當然就會反映在成本上。因此，最重要的是瞭解紙的種類、性能與特徵之後，再選擇最適當的紙。

●瞭解紙的種類、性能與特徵之後、再選擇最適當之容器包裝

●具展示效果之包裝

三、紙盒製作

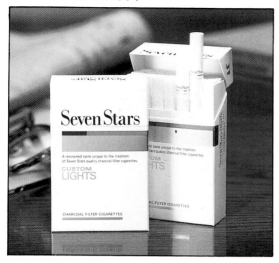

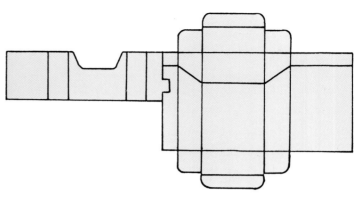

● 香煙的展開圖

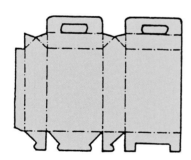

●以房屋造形做的手提紙箱,具有新奇的
　視覺效果

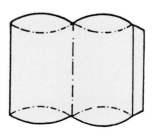

●具視覺效果的簡易包裝

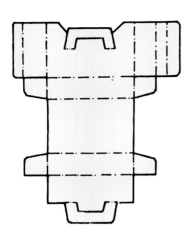

● 具吊掛及展示之紙盒

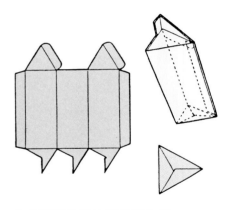

● 具展示效果的三角型包裝

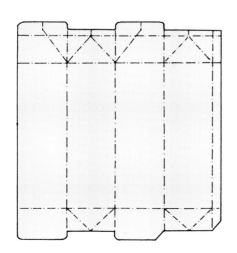

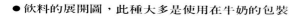

● 飲料的展開圖，此種大多是使用在牛奶的包裝

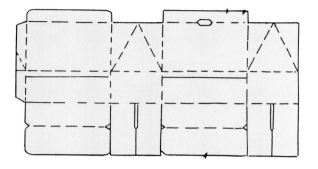

● 房屋造形的紙盒，具有展示及視覺效果
之功能

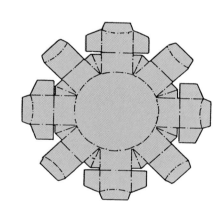

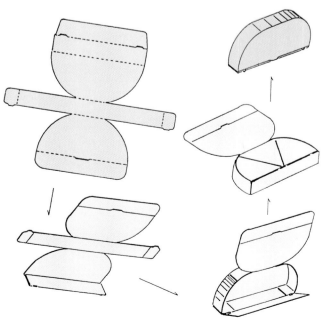

● 手提式的包裝展開圖

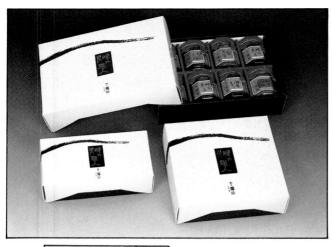

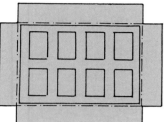

●隔板除了保護產品
 之外,亦有提高產
 品價值之功能

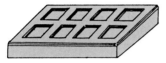

● 手提式的包裝展開圖

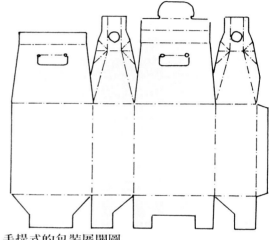

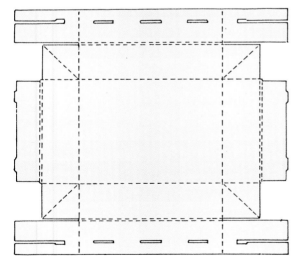

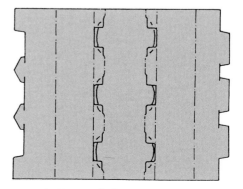

● 此種包裝具固定產品之功能

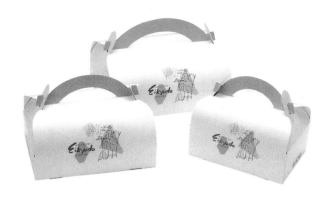

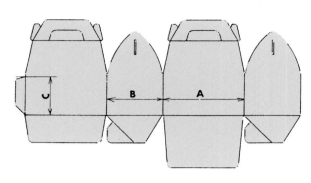

●手提紙盒的展開圖

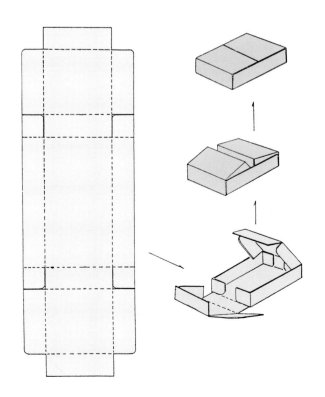

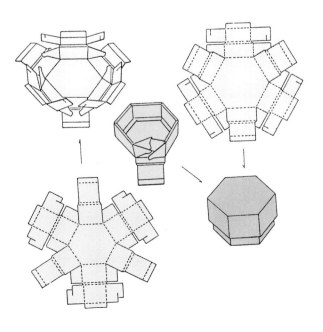

●六角盒的展開圖

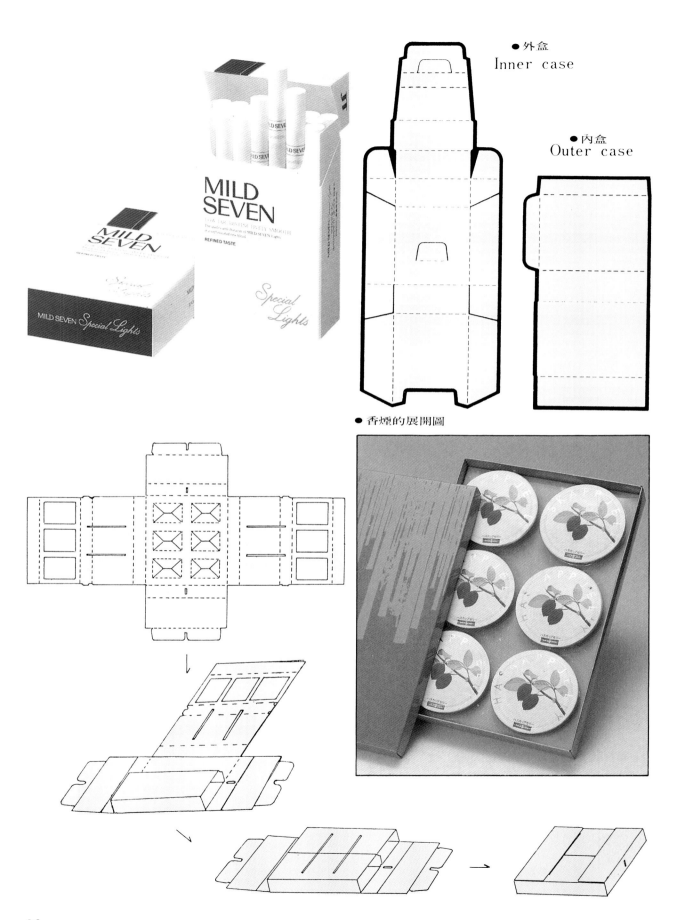

● 外盒
Inner case

● 內盒
Outer case

● 香煙的展開圖

38

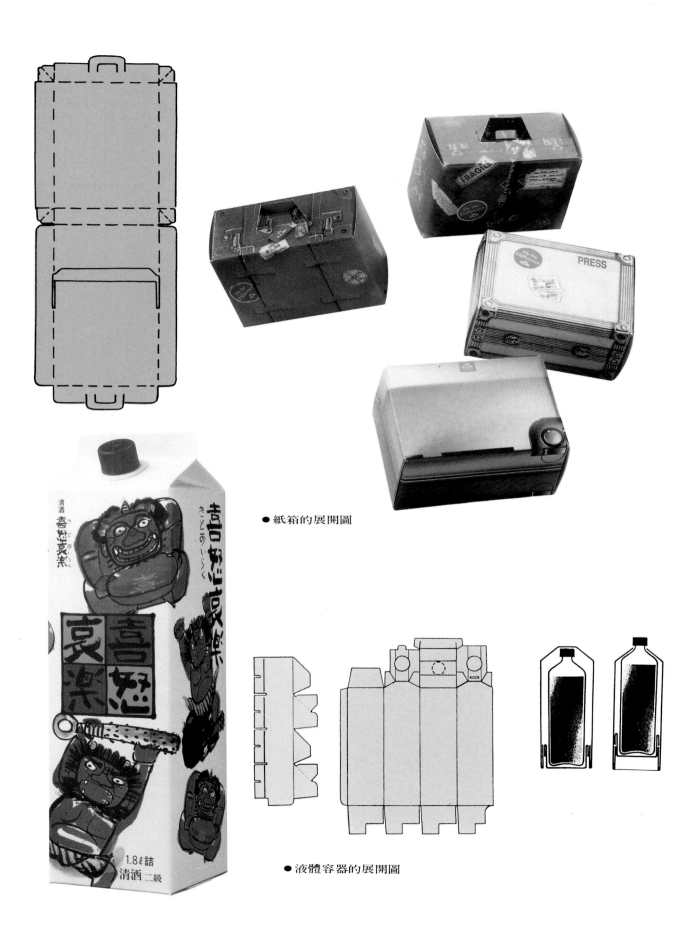

● 紙箱的展開圖

● 液體容器的展開圖

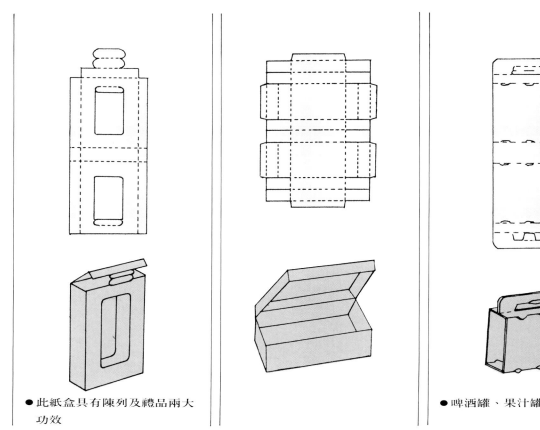

● 此紙盒具有陳列及禮品兩大
　功效

● 啤酒罐、果汁罐等手提式紙盒

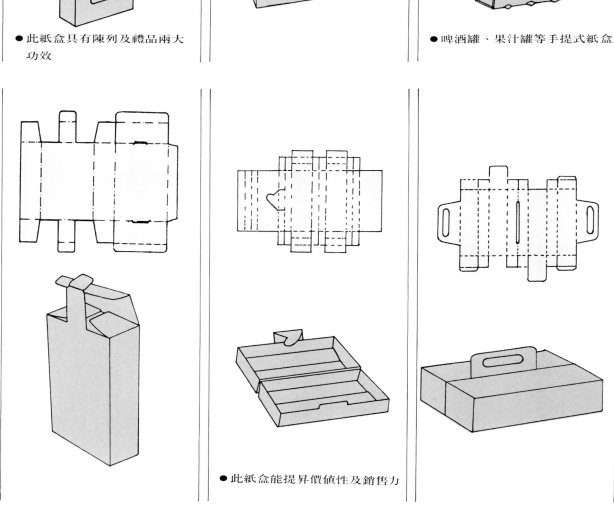

● 此紙盒能提昇價值性及銷售力

40

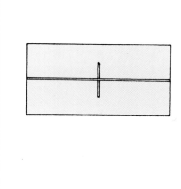

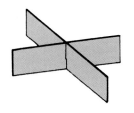

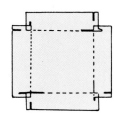

● 井桁形易摺紙盒，可用來包
裝壽司、涼糕、蛋糕、內鬆、
牛肉干、蜜餞等產品，此盒
以鋁箔紙板或銅板紙為主要
包裝材料

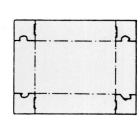

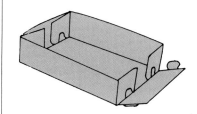

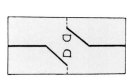

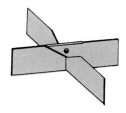

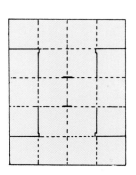

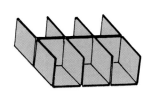

● 打裝隔間紙板是以整打產品
為目的，整打裝隔間紙板以
瓦楞紙或400磅以上硬紙板
為主

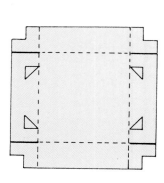

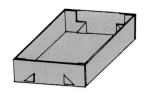

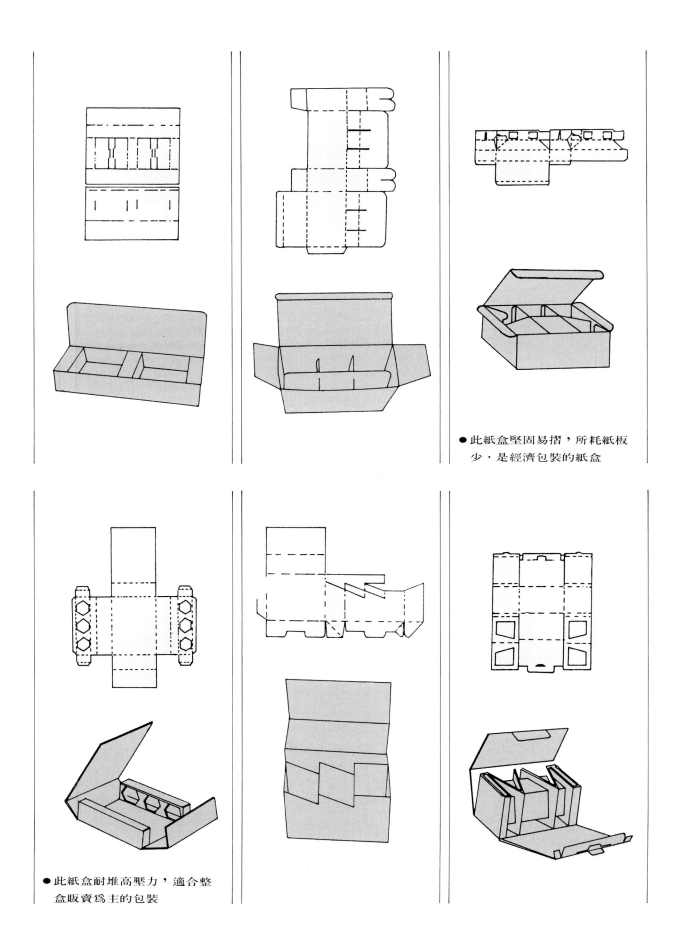

● 此紙盒堅固易摺，所耗紙板少，是經濟包裝的紙盒

● 此紙盒耐堆高壓力，適合整盒販賣為主的包裝

42

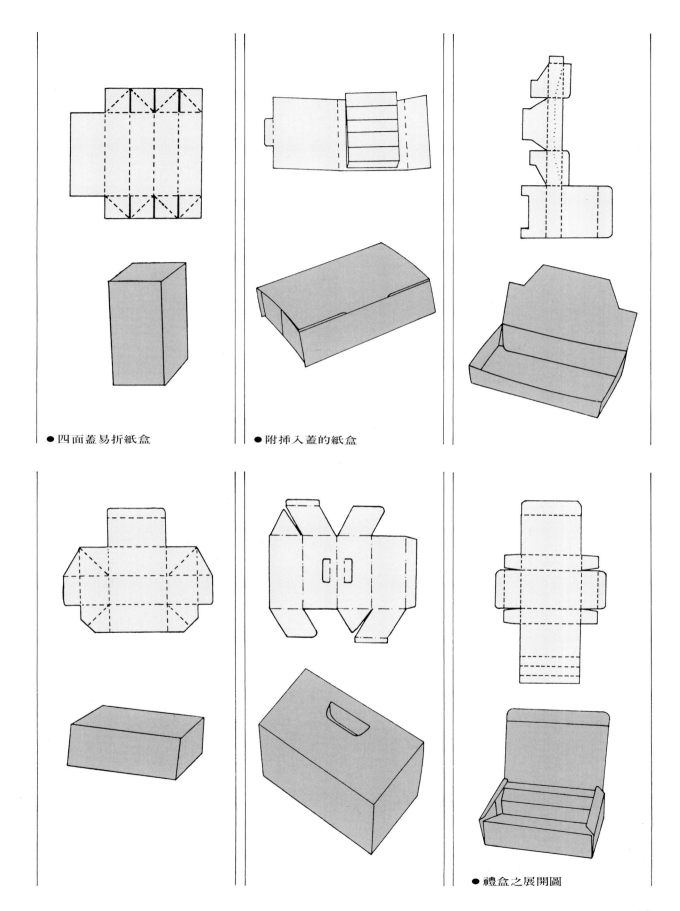

● 四面蓋易折紙盒

● 附插入蓋的紙盒

● 禮盒之展開圖

43

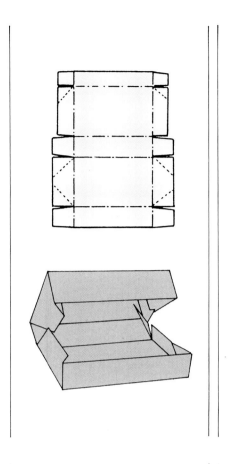

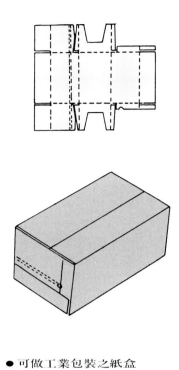

● 可做工業包裝之紙盒

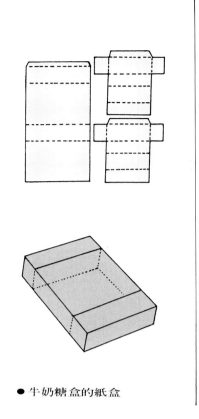

● 牛奶糖盒的紙盒

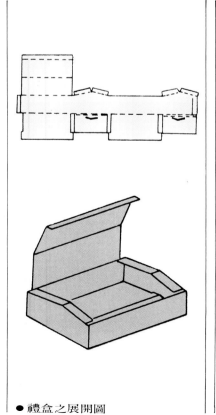

● 禮盒之展開圖

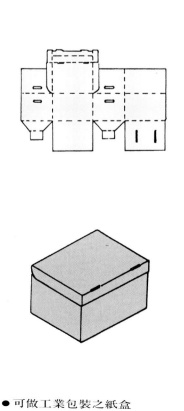

● 可做工業包裝之紙盒

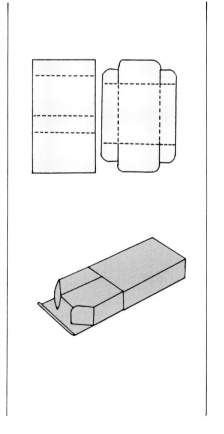

44

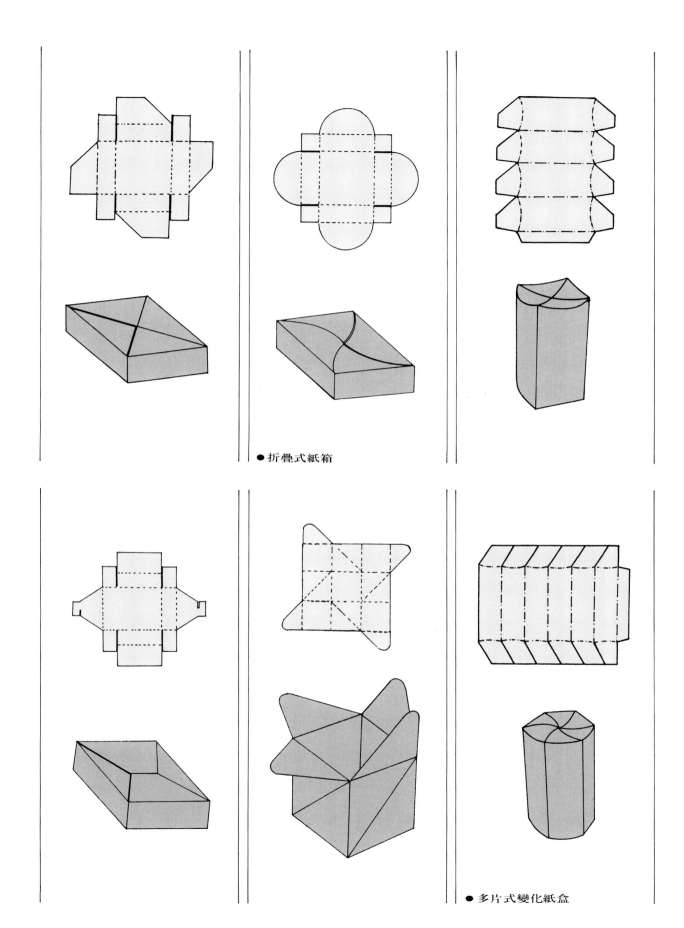

● 折疊式紙箱

● 多片式變化紙盒

45

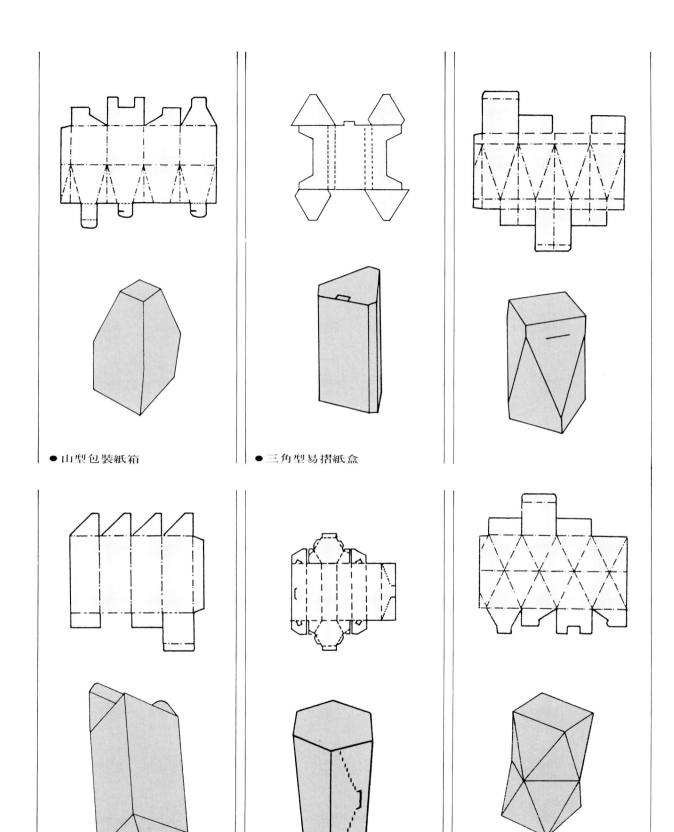

● 山型包裝紙箱

● 三角型易摺紙盒

● 馬型瓶裝易折紙盒

● 紙盒利用摺痕壓劃，然後由
木模器加以摺成盒形，包裝
好後必須在外面包一層玻璃
紙或塑膠模，比較實用

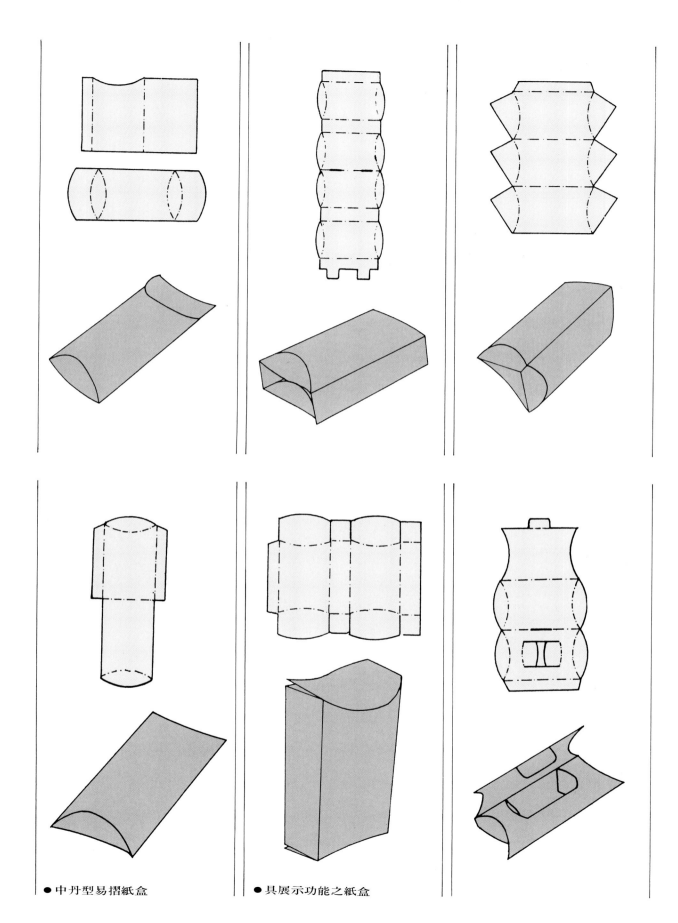

●中丹型易摺紙盒　　　　●具展示功能之紙盒

47

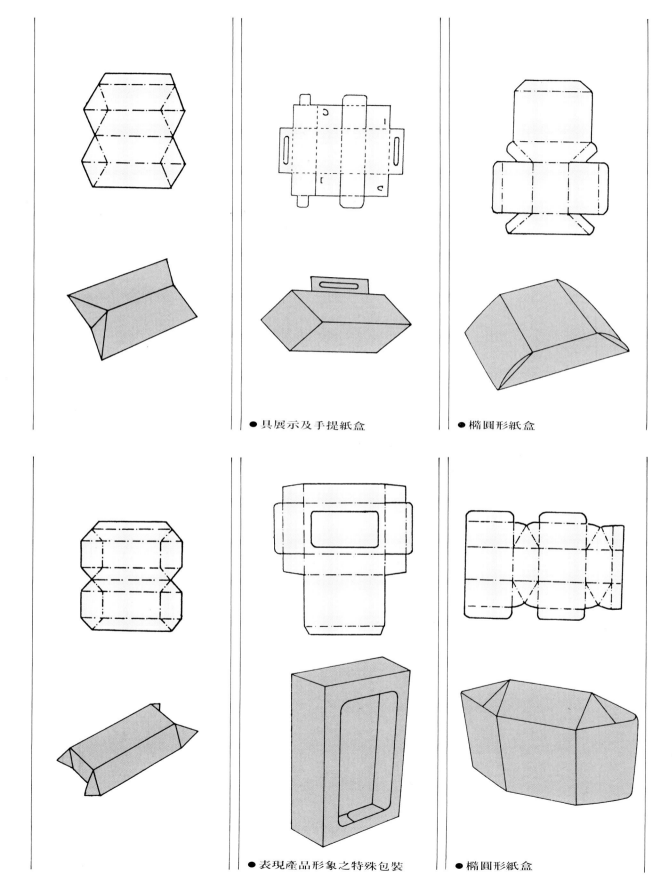

● 具展示及手提紙盒

● 橢圓形紙盒

● 表現產品形象之特殊包裝

● 橢圓形紙盒

48

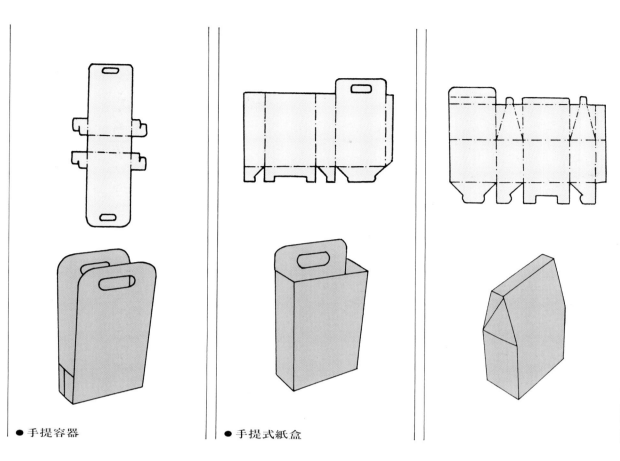

● 手提容器

● 手提式紙盒

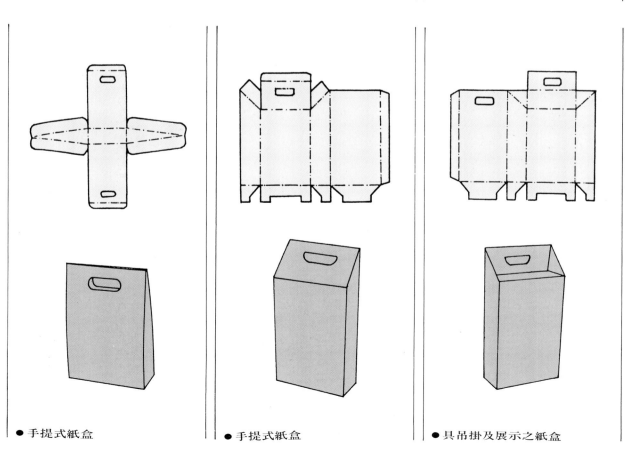

● 手提式紙盒

● 手提式紙盒

● 具吊掛及展示之紙盒

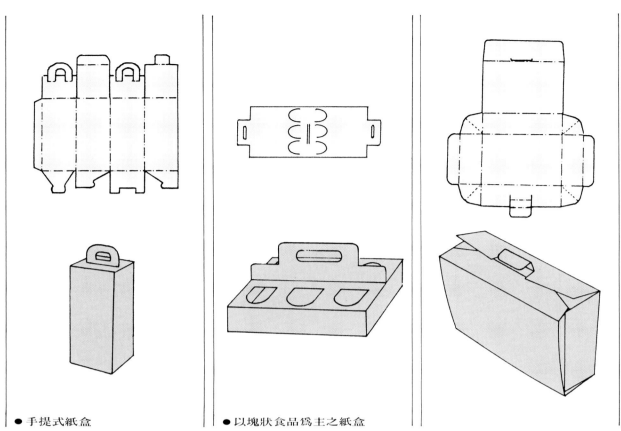

● 手提式紙盒

● 以塊狀食品為主之紙盒

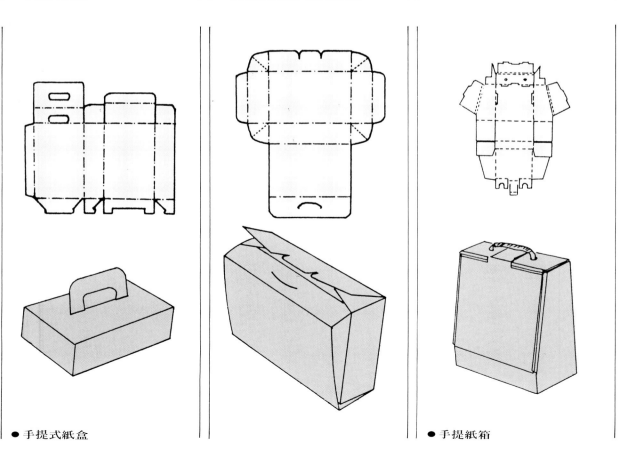

● 手提式紙盒

● 手提紙箱

紙的估價

紙張的估價是指實際用紙數，此外，印刷過程中所損耗的紙皆需計算在內。

紙張的單位以令計算，1令＝500張（瓦楞紙以才為計算單位）。紙張大小大略可分為菊版與全開版，全開為 $31'' \times 43''$ 菊全為 $25'' \times 35''$，菊倍為 $35'' \times 47''$。

(一)一般印刷物令數與紙張費的計算：

$$實需令數 = \frac{印刷物份數 \times 印刷物張數}{開數（印刷物面積開數）\times 500}$$

$$耗損令數 = \frac{色 \times （10\sim15）張}{印刷物的開數} \times 實需令數$$

總令數＝實需令數＋耗損令數

紙張費＝每令的單價×總令數

(二)紙盒令數的計算

以紙盒展開圖的長與寬尺寸、計算其在印刷版上所損之模數作為計算標準。

$$實需令數 = \frac{紙盒數量}{全開紙模數 \times 500}$$

紙張費＝每令單價×(實需令數＋耗損令數)

開數	菊版紙張大小 台寸	m/m	菊版裁切尺寸 台寸	m/m	編號
菊全	28.8×20.5	872×621	27.8×19.6	842×594	A 1
菊半	14.4×20.5	436×621	13.9×19.6	421×594	A 2
菊3	9.6×20.5	290×621	9.2×19.6	280×594	
菊4	14.4×10.2	436×310	13.9×9.8	421×297	A 3
菊8	7.2×10.2	218×310	6.9×9.8	210×297	A 4
菊16	7.2×5.1	218×155	6.9×4.9	210×148	A 5
菊32	3.6×5.1	109×155	3.4×4.9	105×148	A 6
菊64	3.6×2.5	109×77	3.4×2.4	105×74	A 7

開數	K版紙張大小 台寸	m/m	K版裁切尺寸 台寸	m/m	編號
全紙	36×26	1,091×787	34.4×24.8	1,042×751	B 1
對開	18×26	545×787	17.2×24.8	521×751	B 2
3K	12×26	363×787	11.4×24.8	345×751	
4K	18×13	545×393	17.2×12.4	521×375	B 3
5K	15×10.5	454×318	14×10	424×303	
8K	9×13	272×393	8.6×12.4	260×375	B 4
16K	9×6.5	272×196	8.6×6.2	260×187	B 5
32K	4.5×6.5	136×196	4.3×6.2	130×187	B 6
64K	4.5×3.2	136×98	4.3×3.1	130×93	B 7

類別	項目		單位	設計費/元	完稿費/元
商品	包裝袋—	大型手提袋	每件	8,000	2,000
		小型盒類	每件	10,000	5,000
包裝	包裝盒—	內外包裝系列	每件	20,000	4,000
		大形盒類	每件	15,000	3,000

● 紙張的估價是指實際用紙數，而印刷過程中所損耗的紙亦需計算在內

全國紙價參考表（以令爲單位）

品名	材質	尺寸	磅數	價格
單	銅	31"×43"	66.5LB	1,440
單	銅	31"×43"	70	1,540
單	銅	31"×43"	75	1,630
單	銅	31"×43"	80	1,740
單	銅	31"×43"	100	2,120
單	銅	25"×35"	43.56	930
單	銅	25"×35"	45.92	1,000
單	銅	25"×35"	49.22	1,090
單	銅	25"×35"	52.5	1,150
單	銅	25"×35"	65.7	1,400
雙	銅	31"×43"	80LB	1,860
雙	銅	31"×43"	85	1,970
雙	銅	31"×43"	100	2,250
雙	銅	31"×43"	120	2,690
雙	銅	31"×43"	150	3,380
雙	銅	31"×43"	180	4,050
雙	銅	25"×35"	52.5	1,230
雙	銅	25"×35"	56	1,310
雙	銅	25"×35"	65.7	1,500
雙	銅	25"×35"	78.8	1,790
雙	銅	25"×35"	98.4	2,240
雙	銅	25"×35"	118	2.670
布	紋	31"×43"	100LB	2,320
花 紋	銅	31"×43"	120	2,800
特	級	31"×43"	150	3,480
特	級	31"×43"	180	4,170
特	級	25"×35"	56	1,380
特	級	25"×35"	65.7	1,540
特	級	25"×35"	78.8	1,840
特	級	25"×35"	98.4	2,300
特	級	25"×35"	118	2,780
雪	銅	31"×43"	100LB	2,320
雪	銅	31"×43"	120	2,800
雪	銅	31"×43"	150	3,480
雪	銅	25"×35"	65.7	1,540
雪	銅	25"×35"	78.8	1,840
雪	銅	25"×35"	98.4	2,300
什 誌 紙		31"×43"	64G	1,440
什 誌 紙		25"×35"	40.45	950
雪面銅西		31"×43"	200	5,460
雪面銅西		31"×43"	250	6,810
雪面銅西		31"×43"	280	7,630
鏡	銅	31"×43"	120 LB	5,500
鏡	銅	31"×43"	150	6,870
鏡	銅	31"×43"	200	9,160
鏡	銅	25"×35"	78.8	3,610
鏡	銅	25"×35"	98.4	4,500
鏡	銅	25"×35"	131.3	6,010
西	卡	31"×35"	200 G	4,270
西	卡	31"×35"	240	5,120
西	卡	31"×35"	280	5,970
西	卡	31"×35"	300	6,410

全國紙價參考表（以令爲單位）

品名	尺寸	磅數	價格
劃 刊 紙	31"×43"	60 LB	1,220
劃 刊 紙	31"×43"	70	1,350
劃 刊 紙	31"×43"	80	1,550
劃 刊 紙	31"×43"	100	1,940
劃 刊 紙	31"×43"	120	2,310
劃 刊 紙	31"×43"	140 LB	2,840
劃 刊 紙	24.5"×34.5"	42.1	850
劃 刊 紙	24.5"×34.5"	48.1	970
劃 刊 紙	24.5"×34.5"	72.1	1,460
劃 刊 紙	25"×35"	39.4	800
劃 刊 紙	25"×35"	62.2	1,260
道 林 紙	31"×43"	60 LB	1,260
道 林 紙	31"×43"	70	1,460
道 林 紙	31"×43"	80	1,690
道 林 紙	31"×43"	100	2,100
道 林 紙	31"×43"	120	2,525
道 林 紙	31"×43"	150	3,150
道 林 紙	31"×43"	190	4,000
道 林 紙	25"×35"	39.4	830
道 林 紙	25"×35"	45.92	960
道 林 紙	25"×35"	52.5	1,100
道 林 紙	25"×35"	65.7	1,380
道 林 紙	25"×35"	78.8	1,670
道 林 紙	25"×35"	98.4	2,060
白雪彩道林	31"×43"	80 G	2,240
白雪彩道林	31"×43"	120 G	3,360
色雲彩道林	31"×43"	80 G	2,300
色雲彩道林	31"×43"	120	3,440
模 造 紙	31"×43"	45 G	870
模 造 紙	31"×43"	50	950
模 造 紙	31"×43"	60	1,130
模 造 紙	31"×43"	70	1,300
模 造 紙	31"×43"	80	1,480
模 造 紙	31"×43"	100	1,850
模 造 紙	31"×43"	120	2,250
模 造 紙	31"×43"	140	2,700
模 造 紙	24.5"×34.5"	27.1	550
模 造 紙	24.5"×34.5"	30.1	610
模 造 紙	24.5"×34.5"	36.1	710
模 造 紙	24.5"×34.5"	42.1	830
模 造 紙	24.5"×34.5"	48.1	940
模 造 紙	24.5"×34.5"	60.1	1,180
模 造 紙	25"×35"	62.2	1,210
模 造 紙	24.5"×34.5"	72.1	1,400
模 造 紙	25"×35"	91.9	1,780
銅 西 卡	31"×43"	200 G	4,270
銅 西 卡	31"×43"	250	5,330
銅 西 卡	31"×43"	280	5,970
銅 西 卡	31"×43"	300	6,410
銅 西 卡	31"×43"	350 G	7,480
銅 西 卡	31"×43"	400 G	8,540
銅 西 卡	25"×35"	124.5	2,800
銅 西 卡	25"×35"	155.6	3,3510
銅 西 卡	25"×35"	174.5	3,930
銅 西 卡	25"×35"	186.7	4,200

全國紙價參考表（以令爲單位）

品名	尺寸	磅數	價格
白底銅西	31"×43"	270 G	5,450
白底銅西	31"×43"	300	6,040
白底銅西	31"×43"	350 G	7,050
白底銅西	31"×43"	400	8,060
白 銅 卡	31"×43"	230 LB	4,720
白 銅 卡	31"×43"	280	5,150
白 銅 卡	31"×43"	300	5,210
白 銅 卡	31"×43"	350	5,980
白 銅 卡	31"×43"	400	6,520
白 銅 卡	31"×43"	500	8,430
白 銅 卡	35"×47"	351 LB	6,440
白 銅 卡	35"×47"	409.5	7,380
白 銅 卡	35"×47"	468	8,050
白 銅 卡	35"×47"	526.5	9,180
白 白 雪	31"×43"	210 LB	4,280
白 白 雪	31"×43"	280 G	4,890
白 白 雪	31"×43"	300	4,940
白 白 雪	31"×43"	350 G	5,680
白 白 雪	31"×43"	400 G	6,210
白 白 雪	31"×43"	450	7,090
白 白 雪	35"×47"	351	6,100
白 白 雪	35"×47"	409.5	7,010
白 白 雪	35"×47"	468	7,650
白 白 雪	35"×47"	526.5	8,750
灰 銅 卡	31"×43"	230 G	3,290
灰 銅 卡	31"×43"	250	3,420
灰 銅 卡	31"×43"	270	3,280
灰 銅 卡	31"×43"	300	3,420
灰 銅 卡	31"×43"	350	3,860
灰 銅 卡	31"×43"	400	4,320
灰 銅 卡	31"×43"	450	5,090
灰 銅 卡	31"×43"	500	5,850
灰 銅 卡	31"×43"	550	6,490
灰 銅 卡	31"×43"	600	7,080
灰 銅 卡	35"×47"	293.5 LB	4,220
灰 銅 卡	35"×47"	316	4,040
灰 銅 卡	35"×47"	351	4,240
灰 銅 卡	35"×47"	409.5	4,760
灰 銅 卡	35"×47"	468	5,340
灰 銅 卡	35"×47"	526.5	6,290
灰 銅 卡	25"×52.5"	280 LB	3,400
繪 圖 紙	31"×43"	80 LB	1,620
繪 圖 紙	31"×43"	100 G	1,910
繪 圖 紙	31"×43"	110	2,100
繪 圖 紙	31"×43"	140	2,680

包裝用語

㈠一般用語

● 個裝

包裝最小單位,可作為傳達商品標誌及商標之媒介。

● 內裝

將物品以一個或二個以上之單位包裝,在容器內部另再加保護材質。

● 外裝

以運輸為目的,外裝通常需加封緘、補強、標誌等。

● 工業包裝

以運輸或保管為主要目的,包裝方法亦隨物品之性質與儲運環境而異。

● 商業包裝

通常以零售為主,主要功能在促進批售、零售與使用之方便,作業效率之提高等。

● 熱封

將可塑性塑膠、利用熱軟化性、熱熔性、接合之方法、加熱方式有直接加熱、通強電流之瞬間加熱、超音波加熱、高週波加熱等。

● 休止角

將粉狀物品,自上方自由落下時,形成一圓錐體。此圓錐體之母線與堆積處之底面所形成之角度。用作設計包裝容器機械之基準。

● 充填

將一定量之氣體、液體或粉粒體等產品放入瓶、罐、箱、袋等包裝容器中。

● 粘著

使用粘著劑將兩物互相接合在一起。

● 封緘

將內容物或已包裝物放置於容器內,將其開口部封緘、捆縛、標貼、粘著、封印及熱封等。

● 打包

將一個或數個物品以帶子捆緊。

㈡包裝容器用語

● 單次容器

使用一次即廢棄之容器。

● 瓶

其項部及肩部較瓶身為細是其形狀特徵,通常封蓋瓶口使用軟木塞或金屬蓋等。

● 罐

有密封罐及開口罐兩種。前者以捲締或錫焊密封製成,主要用於食品罐頭。後者依罐蓋可分為旋著罐級鏈罐、套蓋罐、押栓罐、束緊小蓋罐等。空罐之製法可分為沖壓罐、抽成罐、捲締罐、彎摺罐等。

● 橇板

輸送較笨重或容積大之物品時,在其底部所墊之底盤。通常備有滑材,並有便於吊鈎或堆叉插入之缺口。

● 圓桶

以金屬、玻璃、紙板等製成,較具剛性之圓柱狀容器。

● 木箱

木製的包裝容器。

● 琵琶桶

琵琶狀之剛性容器,主要為木製品,亦有金屬或塑膠製品。

● 籠

通氣性良好、質輕,多由竹、籐植物性材料編織而成。

● 箱

以硬紙板狀為主,立方體,具有剛性的容器。

● 袋

開口部經裝入特品後予以封閉或不予封閉之狀況使用。

● 大袋

主要指重包裝。

● 罐

● 瓶

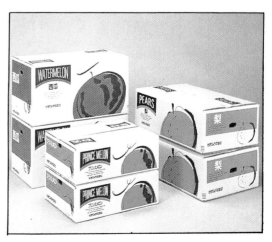

● 木箱

● 箱

● 圓桶

● 袋

● 籠

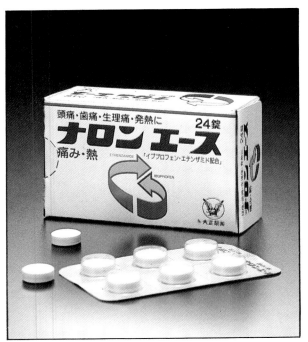

● 泡殼式包裝

● 噴霧罐

● 收縮膜包裝

(三)包裝型式用語

● 薄膜包裝

特殊設計之透明薄膜，必須割開薄膜才能取得內容物。

● 泡殼式剝開式包裝

將透明塑膠薄片加熱經真空或壓縮成型，使具有可裝填容物之凹部。

● 氣泡式包裝

產品外覆以泡製殼式透明塑膠盒，裱裝在硬紙板上。

● 收縮膜包裝或收縮帶包裝

瓶口、瓶蓋的個體包裝，被一圈收縮膜包住，使用前必須明顯撕去此膜。

● 瓶口封合

● 瓶口封合

以印有特殊圖樣之紙或鋁箔黏合在瓶口，取用瓶內物品前必須撕去此封口。

● 膠帶黏合

以附有特殊圖樣之膠帶，黏合瓶蓋與瓶頸接合處，或盒裝封口處。

● 密封的管狀容器

管子成型時口部即係密閉者，取用時必須用尖物利器刺破管口。

● 易碎瓶蓋

常用之汽水、醬油瓶蓋等旋開時會有一圈脫離，而瓶蓋依然依然留在瓶頸上。

● 噴霧罐

● 鋁箔紙塑膠袋狀包裝

㈣安全包裝蓋用語

● 安全式鋁蓋

目前最常見的鋁蓋，採傳統型式，其優點是安全易開，適用範圍：食品、調味品等。

● 張開式鋁蓋

本鋁蓋旋開後成張開狀，可多次重覆閉開使用。其中以碳酸飲料及一般果汁最適用。

● 易開式鋁蓋

目前此型瓶蓋用於碳酸飲料上非常多，其重點首重內外雙重密封墊，以確保碳酸氣體之長期保存。

● 注射液鋁蓋

適用於注射藥品、針劑等瓶蓋。

● 雞精蓋

密封性佳，採用膠墊片或橡膠墊片，其蓋只使用一次即不再使用。

● 安全拉蓋

容易開啟、外觀精美、適於高溫殺菌，抗腐蝕性的效果極佳，使內容物能長期保持原味。

● 金蓋

適於高級藥品、食品、化妝品等高附加價值之產品。

● 旋開拉環蓋式

此種簡單密封、容易開啟的瓶蓋，具有耐壓性及耐減壓性能，因此能廣泛的使用。

● 鐵瓶蓋

使用範圍包括藥品、健康食品。

㈤包裝儲運用語

● 墊板化

將物品裝載於熱板化以大單位處理運輸之方法。

● 單位化貨物

將物品集中以利用機械裝卸、運輸。單位貨品之功效除可提高裝卸效率、運輸效率外、亦可防止物品破損、節省包裝費用等。

● 裝載率

裝載物品佔有之容積或重量之利用率。

● 裝載密度

單位容積內裝載貨品之重量，用以表示運輸工具之裝載效率。

● 貨櫃

以單位化輸送物品為目的，容積在一立方公尺以上之運輸容器，能適應各種貨器之需要並可重覆使用，僅使用一次者，稱為單次貨櫃。

● 貨櫃化作業

將物品裝載於貨櫃內，作由門對門之運輸稱為一貫墊板化作業。

● 淨重

內容物之重量。

● 空重

包裝物品之容器及包裝材料之重量。

● 倉儲

保護管理所儲藏之物品。

● 易開式鋁蓋

● 安全式鋁蓋

包裝設計戰略與行銷

包裝乃是強烈銷售慾望需求下的產物，本質即是以促銷為終極目的，包裝設計的銷售戰略如下：

(一)商標名稱之包裝行銷：

往往商標是暢銷的主因，消費者習慣依商標、名稱的印象作為商品選擇的依據。

(二)識別企劃之包裝行銷：

透過包裝樹立商品本身之識別象徵。

(三)商標分化之包裝行銷：

由主商標分化出子商標及副商標，以主副或母子關係相輔而成。

(四)銷售重點之包裝行銷：

運用獨特銷售點作為主體設計，以強調特殊獨特性。

(五)企業形象之包裝行銷：

配合企業識別體系，樹立企業形象與發展。

(六)廣告同步之包裝行銷：

配合促銷活動之包裝。

(七)包裝文案之行銷：

利用廣告詞句或新產品、新樣式等提示。

(八)差別化之包裝行銷：

商品大小、口味、品質等之差別或消費對象之差別。

(九)贈品之行銷戰略：

包裝內或外附與贈品。

(十)分割市場之包裝行銷：

針對不同之市場區隔及市場之需求。

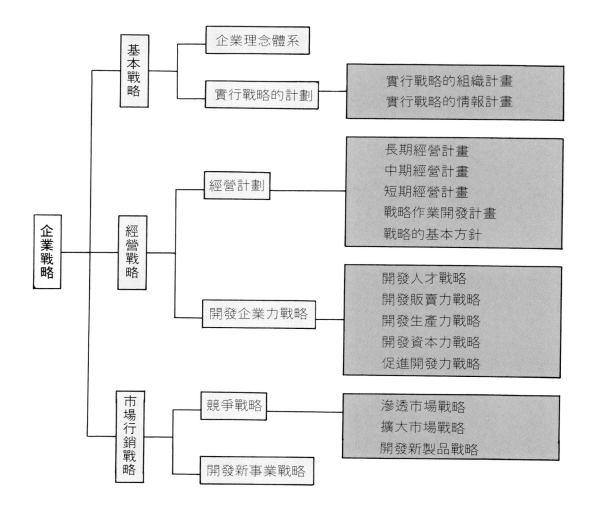

包裝設計之重要行銷戰略：

(一)商標與品牌之行銷戰略：

● 商標與品牌之屬性化。

● 主商標之行銷重點。

● 品牌（子商標）為主之行銷重點。

(二)商品分化之行銷戰略：

● 年齡層之商品分化。

● 性別區別之商品分化。

● 價位區別之商品分化。

● 色彩之商品分化。

● 風格之商品分化。

● 機能化之商品分化。

● 包裝型態之商品分化。

● 包裝大小之商品分化。

● 系列化之商品分化。

(三)印象戰略：

　　包裝設計不可拘泥固定的形態與表現方式，不妨採用各種不同獨特的象徵手法來表現商品個性，使消費者留下深刻銘心的良好印象。

● 商標名稱之包裝行銷：

　商標往往是暢銷的主因、亦是包裝設計的主題

● 將數種有關連之產品放置於同一包裝內的組合包裝，這種促進銷售的包裝策略最利於新產品的上市

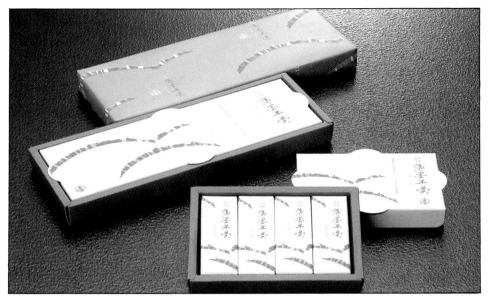

● 具圖形連續展示之行
　銷策略

● 圖形構成的形象，經常與內
　產品具有關連，且含有強烈
　的暗示性，並且常會使人產
　生一種簡單或理性的秩序
　感，也能產生一種強烈的視
　覺效果，以達成促進銷售的
　包裝機能

● 不妨採用各種不同獨特的象徵
　手法來表現

包裝設計與CI
一、CI與MI、BI、VI

企業經由特殊的設計與規劃，使受方由心理反應出某種獨特的意識，且認同的一種行為，稱之為企業識別（Corrportat Idertity）簡稱為CI，而經由此研究領域規劃出來的設計系統，即稱為企業識別系統（Corporate Identification System）簡稱CIS。

企業為了促使商業機能活絡，確立社會評價的同一性，而自成一「企業風格」。企業實體為了有效的訊息化，必須確立企業之風格，以提高戰略。針對此，CI應符合下列三點：

㈠企業經營的固有理念MI（Mind Indentity），經營行動BI（Behavior Iden-

tity），以及視覺統一VI（Visual Identity）三者之間架構之建立。

㈡確立企業體對社會環境活動之方針，建立令人喜好之風格。

㈢考慮企業實體與形象之關連性，尋求更好的傳達系統。

一、MI(理念識別)

企業理念固然是在對外顯現其經營方針與理念，而社會既定的價值觀仍不容忽視，更須顧及未來企業存在的延續性。具長程目標的經營理念、可以經由敏銳地反應時代變遷的過程，證實其行動價值。

二、BI(活動識別)

BI是指組織行動的總合。BI欲於部門與整體運作的關係中將經營理念溶入經營行動，有賴於一具體的實踐營運系統的建立：

企業識別系統組織表：

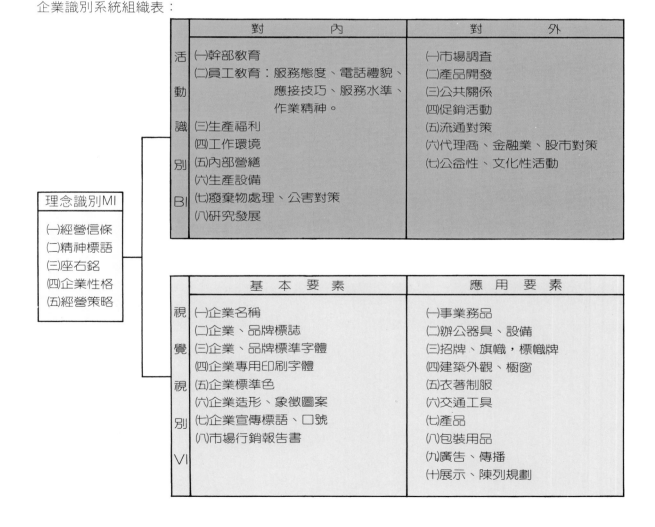

理念識別MI
㈠經營信條
㈡精神標語
㈢座右銘
㈣企業性格
㈤經營策略

	對　　　　內	對　　　　外
活動識別 BI	㈠幹部教育 ㈡員工教育：服務態度、電話禮貌、應接技巧、服務水準、作業精神。 ㈢生產福利 ㈣工作環境 ㈤內部營繕 ㈥生產設備 ㈦廢棄物處理、公害對策 ㈧研究發展	㈠市場調查 ㈡產品開發 ㈢公共關係 ㈣促銷活動 ㈤流通對策 ㈥代理商、金融業、股市對策 ㈦公益性、文化性活動

	基　本　要　素	應　用　要　素
視覺視別 VI	㈠企業名稱 ㈡企業、品牌標誌 ㈢企業、品牌標準字體 ㈣企業專用印刷字體 ㈤企業標準色 ㈥企業造形、象徵圖案 ㈦企業宣傳標語、口號 ㈧市場行銷報告書	㈠事業務品 ㈡辦公器具、設備 ㈢招牌、旗幟，標幟牌 ㈣建築外觀、櫥窗 ㈤衣著制服 ㈥交通工具 ㈦產品 ㈧包裝用品 ㈨廣告、傳播 ㈩展示、陳列規劃

㈠管理系統：包括人事、總務等總體架構。

㈡情報系統：建立提案製度或公司集會，以發揮公司內部情報的激盪。並導入內部訊息，如技術、市場、銷售情報。

㈢設計系統：設計工程管理、品管制度、設計標準化與營運模式的建立。

㈣生產系統：生產製造工程管理之建立。

㈤營運系統：市場戰略、流通、販賣系統。

三、VI(視覺識別)

　　所謂的企業面貌，必須結合理念及行動。所以企業名稱與商標，必須將企業形象傳達出明確的訊息。若能掌握簡潔、響亮的原則，並帶有出色的視覺形象的話，便可強化企業的競爭力。欲以效果與效率為著眼點實行對企業有力的傳達系統，可分為下列三點：

㈠將項目予以分類，明示其機能要件。

㈡明立訴求項目的優先順位，並確認其有效性。

㈢對於項目的表示要素是否需要統一，加以掌握。

　　將經確認的各項目與基本要素結合，作一系統設計，VI即以「以企業視覺同一性，提供予外界一有系統的表示印象」。

● 與企業CIS為一體的手提袋

●企業團體可以透過包裝紙、包裝盒及各有關包裝產品上的圖案、色彩、材質等,成為「商
　品禮品化」與「禮品商品化」的最佳利器,並且可以強烈表達企業CIS的獨特風格

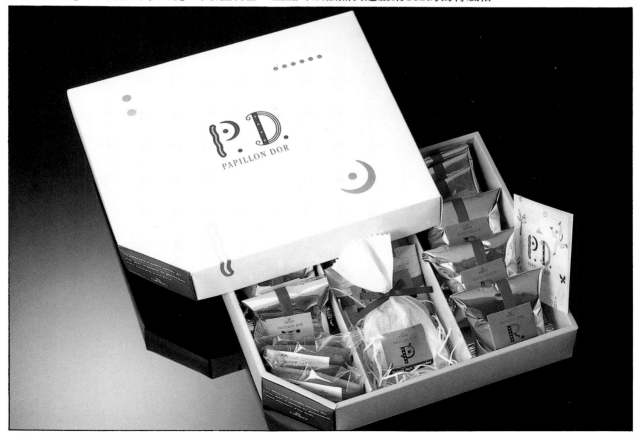

●具有CI視覺傳達之包裝

● 由實物啓發的擬人化圖形包裝，可直接聯想到產品內容

● 包裝盒、手提袋成套設計，具有展現CI的效果

▲▼利用不同色彩的包裝形式傳達不同的目的與效果。

●利用點線面的理性規劃排列的形式，使人一目了然表達的內容。

●利用商品品牌作為識別，用以區分商品等級的系列產品。

二、企業實施CI政策實例
阪急百貨包裝袋之設計圖樣

●雖然整體的廣告構圖並不突出，但以雙胞胎姊妹的文案，卻因充分掌握消費者的好奇心而
　深植人心，使消費者對改變中的版急百貨多付一份關心

●針對小孩與年長者的圖案設計

●以港灣地緣的圖案設計

● 版急百貨集團各分店、規劃出圖案不同、色彩各異的包裝袋,在不同的花樣與色彩組合中表現出企業家之完整性

系 列 圖 案 之 意 義	
花	花——明朗、華麗,同時含有通俗、流行、趕時髦的意味。
葉	葉——知性的、可塑性大、時髦而精美。
月亮	月亮——漂亮、追求時髦中帶著冷靜;與其它圖案搭配,可顯出華麗感。
星星	星星——光輝、流行;與其他圖案搭配,可顯出華麗感。
太陽	太陽——明朗、活潑、通俗。
鳥	鳥——優雅、沈著、知性、高貴、時髦。
海鷗	海鷗——優雅、沈著、舒適、明朗。
點	點——其他圖案之陪襯者、本身不具特色。
線	線——其他圖案的陪襯者、本身不具特色。

● 商標設計

● 廣告塔

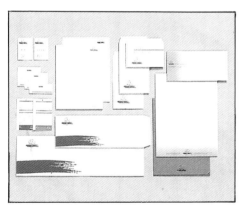

● 配合CI的事務用品設計

● 產品包裝之各種購物袋、禮盒

● 店舖設計

● 商標設計

● 配合CI的事務用品設計

● 產品之各種包裝紙、包裝袋

● 店舖設計

● 壁面標誌設計

● 廣告塔

● 商標設計

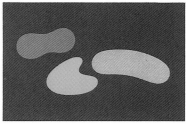

● 配合CI政策之事務用品設計

● 配合CI之手提袋

● 配合CI之包裝紙

● 配合CI政策的車體廣告

● 店舖外部設計

71

● 商標設計

● 平面印刷物封面設計

● 服務台後壁面規劃

● 店舗外部設計

● 產品包裝設計

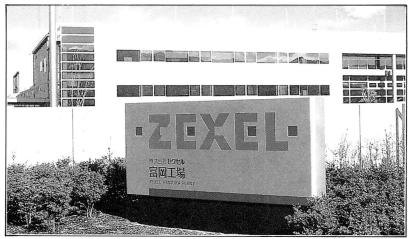

● 標誌設計

● 配合CI政策的車體廣告

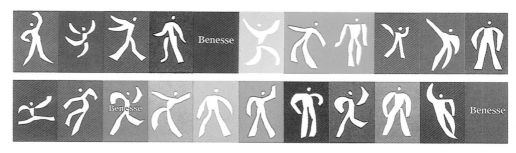

● 商標設計

● 產品之設計

● 配合CI政策之手提袋

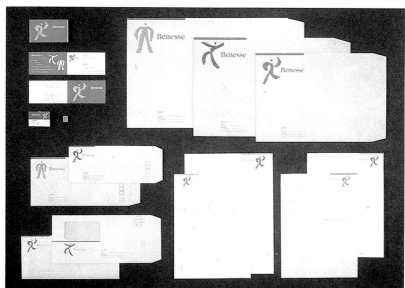

● 配合CI之事務用品設計

Benesse

● 商標設計

HUDSON GROUP
HUDSON SOFT ®

● 平面印刷物設計

Human
Hudson
Enjoy
Hudson

● 標準字

HuERA
和盛電腦技術有限公司

● 商標設計

● 配合CI之事務用品設計

● 交通工具外觀設計

● 配合CI之政策之車體廣告

● 產品設計

● 商標設計

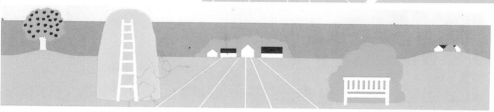

● 廣告塔

● 配合CI之車體廣告

● 產品包裝之手提袋、包裝紙

● 產品包裝設計

● 產品包裝設計

包裝設計過程
一、商品提案

提案者自由裁量的空間很大，但是其中也同時隱含著尚未紮根就想開花的危險。

提案計劃時的要點是掌握實情、進行調查分析，提出作為解決的意象，並要能夠具體反應市場需求的內容為前提，進而發揮各種的能力。

包裝企劃案的目的可分為五點：

(一)了解商品的目的。

(二)了解市場與消費者。

(三)擬定構想方針。

(四)設計案可行性評估。

(五)預算與日程控制。

包裝企劃案的基本格式：

(一)設計動機。

(二)資料收集與調查。

(三)資料分析。

(四)設計目標與方針。

(五)構想立案（包裝大小、型態、方式、材料、與製造）。

(六)構想評估。

(七)各部門配合事宜。

(八)包裝設計工作內容。

(九)完成日程表。

(十)成本與預算評估。

(十一)結論與建議。

(十二)相關附件及資料來源。

包裝企劃流程：

1.環境分析：市場分析、消費者分析、商品分析、傳達分析、企業分析。

2.尋求：問題點、機會點、希望點。

3.確立設計目標。

4.包裝戰略：市場戰略、傳達戰略。

5.包裝構想。

6.構想評估：成本分析、材料分析、製造分析、可行性分析。

7.預算與評估。

8.日程擬定。

二、市場調查

市場調查是把將完成的設計案，提示給消費者，以聽取或好或壞的各種意見，將消費者的意見活用於商品的開發，可說是極珍貴的資料。

形成市場調查觀念之背景可簡約二點：一、為在市場之激烈競爭下，有必要以技術，技能來創造，並使消費者受益、服務較多之商品；二、為了使創造性真正變為消費者之利益，消費者和企業商品、商店間各種情報之交換，乃為市場活動之基本策略。

市場調查分析項目：

(一)市場動向及規模

●該商品群動向。

●市場普及率、購買力與佔有率。

●未來市場需求預測。

(二)市場分配

●商品系列市場分配。

●品牌別、區域別、季節別之市場分配。

●消費者別之市場分配。

●市場分配預測。

(三)市場流通與銷售

●品牌別基本戰略。

●銷售通路與舖貨率。

●店面占有情況。

●庫存率。

(四)消費者構成

●依使用量分類。

●依定期與不定期用別。

(五)消費者行為

●購買動機、理由與頻度。

●購買季節變動因素。

●品牌忠實度與轉換度。

●指名購買狀況，購買偏好度。

(六)消費者特性

●消費習慣的特性。

●消費心理的特性。

●消費程序的特性。

包裝設計—草圖製作概要

草圖是設計師與客戶之間的溝通橋樑，客戶或許不懂印刷，所以草圖盡可能的接近印刷成品，相對的要繪製接近成品，就一定要花費較多的時間、精神及金錢，若客戶不滿意，就會有相當的損失，為了避免遭受到被拒絕的可能，草圖從設計、定案、繪製到成品都必需小心緊慎不得草率。

在草圖設計之前，必需要先與客戶溝通，瞭解產品的訴求對象、分析、調查，研究市場上同類型的作品，加以比較抓出弱點或透過會議廣收他人意見，再繪製數張不同的粗（初）稿圖，經挑選再繪製彩色初稿，初稿包括插圖、文字、商標、輪廓、表格……等。

初稿主要是表現整體感，色彩和構圖比例，是否能吸引消費者，所以無需太精細繪製。

初稿經幾次的修定後，再繪製與印刷品相同的彩色精稿，經客戶同意，再依精稿行黑白稿的製作，也就是完稿，完稿的製作原理同底片成像，在製作時必需保持版面清潔，大小比例，位置都必須與精稿相同，處理完後再以描圖紙保護版面，在描圖紙上標明色彩，製作完成後才可送去製版廠印刷，在未正式印刷前通常會先試印一次，以檢核生產時是否忠於原稿，或是修改其內容，這過程稱為打樣，打樣無誤後就可正式生產。

這些只是從草圖到完稿的概要，在這其中還有許許多多的技法，等著我們去發掘。

企劃至印刷 完成之程序表

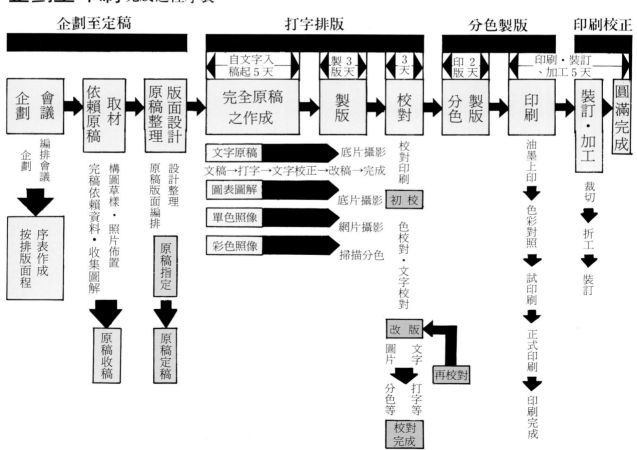

包裝平面設計

草圖繪製

　　草圖是將腦中所構想的轉成為視覺上的形態，草圖的繪製可稱之為是運用鉛筆的想像，在繪製時無需用以太過於寫實精細的方法，只要能夠精確的表現每一個構想就可以了。

　　在這之前必需先行與客戶直接溝通洽商，明瞭其主題與內容概要這樣一來設計者就較好發揮構想。修改的機率也會減少許多。

　　草圖有三個作用，分別是：創作紀錄性、表達設計概念和正稿製作的藍圖，這三個作用都是將來跟客戶溝通的橋樑，也是製作完稿時的根據。

㈠設計的預想—粗稿

　　在設計者不斷思考時，隨手畫下的構想就是粗稿，粗稿可將文字、插圖、編排形式大致的畫下來，設計畫面不宜過大，只需將原稿縮小至最方便繪製的大小即可，這種尚未定案的預想粗稿又稱—微型粗稿。

　　精稿繪製的目的在於構思各種不同的編排，不同的畫面感覺，切勿浪費時間精細繪製，以免影響創作的時間及思潮，並注重整體的感覺，在繪製時所有的文字、插圖，都應簡化至最簡；文字可用線條表現，插圖可用方形或圓形代表，粗稿繪製的愈多愈能引發創意，找到更好，更適宜的作品。

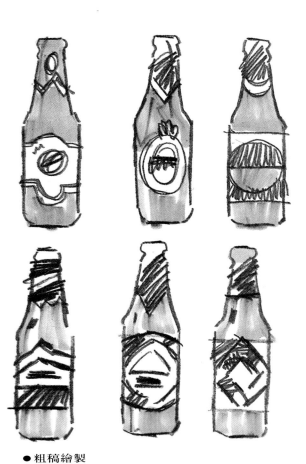

● 粗稿繪製

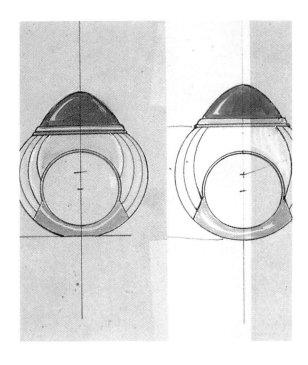

● 初稿繪製

(二)初稿繪製

　　在粗稿中經篩選評估後，以正確1:1的比例進行更精緻的圖形文字繪製，此過程稱之為初稿繪製，初稿的內容包含了下列要素：

①文字：包含標題、標語、商品名、說明文、內文、公司名稱、地址、電話……等

②插圖：包含正片（幻燈片）、照片、圖片、插畫、水彩、粉彩、素描、油畫……等藝術品。

③商標：代表公司的文化和信譽，是具權威和信賴的。

④輪廓、表格：限制設計方面的面積以控製消費者的視覺感受。

　　因初稿是根據粗稿而來繪製，所以繪製前先行了解；思慮後再著手進行會較為順手。

(三)彩色精稿繪製

　　彩色精稿又稱色稿，其製作的目的是告訴客戶印刷後的樣式，所以彩色精稿盡量做到接近印刷品，彩色精稿的技法有手工描繪，照相印製法、彩色影印技法，熱燙紙轉印技法、噴畫技法……等

　　在製作完成後就可進入正稿的階段。

● 初稿繪製

● 彩色精稿繪製

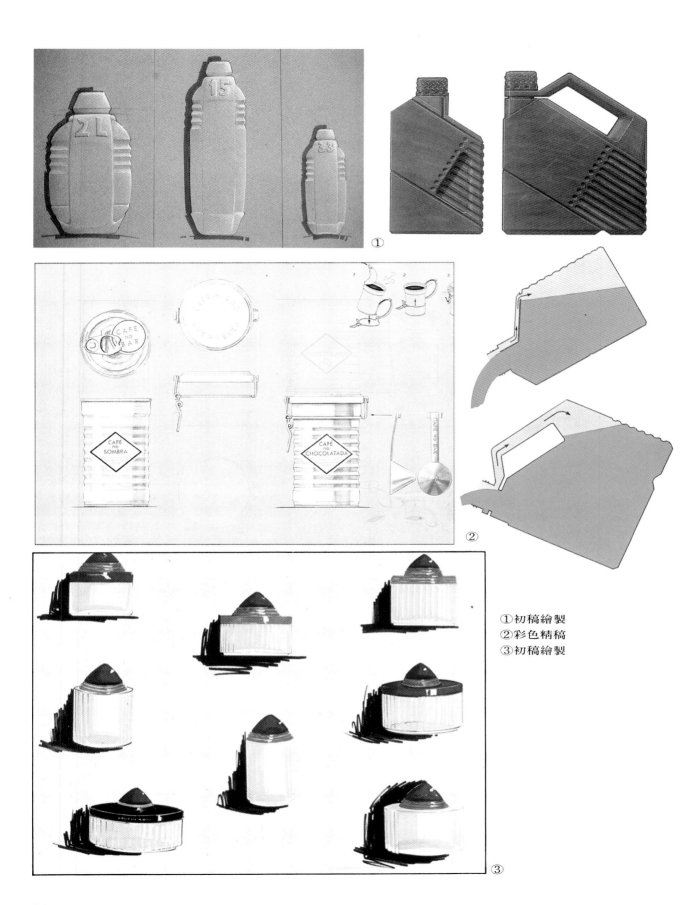

①初稿繪製
②彩色精稿
③初稿繪製

80

完成作品

● 完成作品

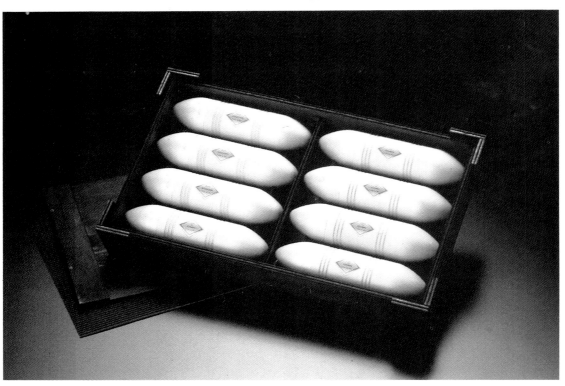

● 完成作品

1.使用Safmat自黏膠片取代紙張，影印你的設計稿

 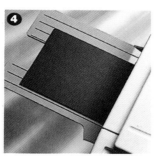 

2.將Safmat設計稿放進你選好的 Omnicran 彩色轉印膠片頁裡，或者是 Omnicran 承載膠片中

3.將作品依正常方式送進Omnicran機

4.現在撕去這彩色自黏性成品，不管任何樣品均可

83

1.畫好的黑稿圖形，覆上所需之線條

2.影印在綠色的美術紙上

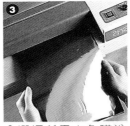

3.選擇所需之色膜送進變色龍中熱燙

4.熱燙好之後，除去色膜

5.拷貝包裝袋上的英文字

6.送進變色龍熱燙

7.留下熱燙後的色膜

8.丟棄熱燙後的稿子

9.將色膜上所需之英文字切割下來

10.將字體影印在橙色的紙上

11.將9.所保留的字體覆蓋在所需之位置

12.送進變色龍中熱燙

13.綠色部份成為陰影

14.再覆蓋上紫色色膜

15.送進變色龍中熱燙

16.除去色膜

完成作品

包裝的色彩計畫

色彩計畫在包裝上是很重要的一部份。在現代的包裝設計分為工業包裝及商業包裝兩種,而工業包裝大部分是配合生產部門保存及搬運等機能,因此工業包裝又被稱為外包裝;商業包裝是為行銷廣告之用,所以商業包裝也被稱為內包裝,兩種包裝合而為一;就是商品行銷所必須的。

包裝佔有體積,其給人不外乎有形與色的印象,而色彩印象尤其使人產生注意力,更能了解其中的內容物,所以包裝的色彩應具備:

● 企業形象的傳達
● 產品色彩的說明
● 刺激消費者的購買慾

從包裝紙袋到包裝盒、罐、桶、瓶等,外表的色彩是區分一廠牌或企業的標誌,稱為企業形象色彩的傳達,許多的公司也將企業識別基本系統的色彩,延用到包裝上,使得消費者感到有一體的感覺,這方法通常都出現在百貨公司或禮品公司,多用在包裝紙、手提袋上,雖然陳列的東西五花八門,但在購物袋,包裝紙求統一,以增加購物者的印象。

在產品色彩的說明一項,最為明顯的要算是食品的包裝色彩;食物的商品色彩,在色彩心理的要求是直接的,幾乎很少脫離,如果一不小心,很可能就會使消費者怯步。

色彩能在包裝上表達其特性,是有助於購買者選擇或了解的方便,也能增進眾多商品的辨識能力。

在超級市場裡稍微注意果汁類產品,不難發現這類包裝的色彩,忠於水果的自然色彩,使消費者較有真實的感覺。當然,也有許多產品的包裝不見得強調或暗示產品的色彩,如確實有需要時,適度將產品色彩與包裝色彩結合起來,可達到視覺的統一。

色彩是刺激消費者購買慾的最大主力。如缺乏色彩的魅力,無論再有創意的設計亦是徒勞無功。優美和諧的色調是最容易接受的配色法則,鮮明活潑的色彩最容易引起消費者的注意,而在眾多商品的比較下,色彩運用能出奇制勝具親和力,將可巧妙的控制消費者購買動機,這也就是包裝色彩計劃最重要的目的所在。

產品與包裝色彩的配合

在許多產品的色彩,一個良好的包裝,適當的暗示或說明內容物的色彩,確有其必要性。許多商品包裝配合人的色彩慣性,像是咖啡的包裝罐與包裝盒外的色彩,大部份的設計師,都會圍繞在「咖啡色」的周圍,也因此之故,大部份的咖啡包裝色彩都脫離不了棕色、褐黑、紅色、橙黃、淺灰、白、黑等關係色,而寒色系的使用幾乎沒有,因為寒色根本與咖啡扯不上一點色彩關係。

所以包裝上的色彩運用恰當必能吸引消費大眾。

色彩的理念

色彩與圖形,都是包裝設計中最重要的,設計的首要就是要引人注意,而色彩就可達到這任務,在擺滿商品的貨架上,許許多多五顏六色的包裝相互爭豔著,這時顏色就有助於吸引購物者的注意力;如果已能讓購物者駐足時,在本來就是要挑起購物者的興趣,好讓他們能看得久一些,注意到其中所要傳達的訊息。

在設計時如太過於規律,很可能讓觀眾覺得索然無味,太過於花俏繁複,會讓購物者產生混淆,甚至厭惡,所以在策劃任何圖案設計配色時,必需仔細考慮哪一種最適合,效用最大,換句話說整齊有序的風貌呈現,就更能吸引消費者有興趣繼續看下去,如結合色彩、形狀、尺寸及材質就更能吸引購物者。

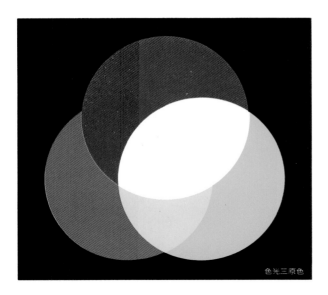

色光三原色

三原色

在可見光中，尚可分為三大類，主要是波最短的青紫色，中間的綠色，以及波長最長的橙紅色，這就是色光三原色。

若將這三張用以幻燈片重疊在一起，不難發現相互重疊處會產生白色光，這種混合稱「加色混合」，反之也有「減色混合」，這種三原色是洋紅色，青色以及黃色，也就是色料的三原色，而印刷用的油墨也是運用色料三原色，再加上黑色，就成了印刷的基本色。

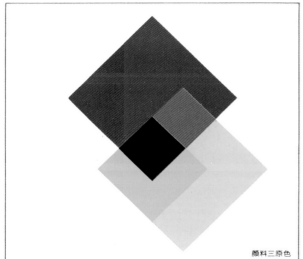

顏料三原色

色環圖

色料的三原色，會組合出什麼顏色，在我們選出幾個基本的顏色，即是色環圖中的12種顏色，而在這色環圖中每個顏色的對面，正好是互補的顏色。不過現實上有些顏色並沒有在色環圖中，如白色、黑色和茶色，因白、黑色是無彩色，而色環圖中的顏色是有彩色，因此沒有在色環圖中，茶色則是黑色加橙色所調製出來，故不列為考慮。

色彩三要素

彩度、明度、色相，就是色彩的三要素，色相是指顏色的區分，明度是指顏色的明暗程度，彩度就是顏色的鮮度或濃淡程度，這三要素在包裝世界裡或現實生活中，是不可缺少的。

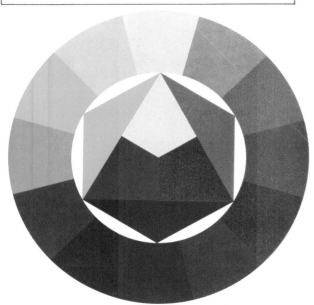

● 伊登十二色環圖

字體運用

　　圖片在包裝傳達的運用，雖然非常的重要，但是消費者依然要靠文字的傳達，去了解其中所要表示的真正涵意，消費者最初步只關心文字本身的語言意義，忽略了字體造型的特質，因此在字體造型時必須注意其明確的認知性與特質的識別性。

　　在中文字體裡分為：

㈠書法字體

　　書法字體分為：大篆、小篆、隸書、草書、楷書與行書等留傳至今，多用在標題。

● 大篆、小篆：小篆是由大篆去繁就簡而得，運用在金石篆刻上較多，可以作為圖形的運用。

● 隸書：由小篆改圓為方並加減筆畫而得，秦朝的隸書字形較為不工整，東歪西斜，漢朝時修之整齊，是隸書最為優美的字體。

● 草書：分為章草、今草與狂草。草書因便於應急；書寫時快速時具動感，是力與美的結合，在設計時因注意識別性。

● 楷書：又名真書、正書，是結合隸書與草書，以唐朝的為主流。

● 行書：是楷書的變體，其書寫快速且無草書之潦草，深受大眾的歡迎。

㈡鉛字體

　　鉛字體可分為宋體、黑體、楷體、仿宋體。

● 宋體：發源於宋朝，但至明朝才被採用，故又稱為明朝體，因字體橫細直粗閱讀性高，在書籍，報紙、雜誌……等，被廣泛的應用。

● 黑體：因橫豎筆劃粗細相同，且筆畫方正，又稱為方體字，因筆劃單純明快，易於了解閱讀，可給人強烈印象，大多用於標題字。

● 楷體：由隸書變化而來，多用於名片、公文、信函…等。

● 仿宋體：是仿造宋體的形態而來，字形橫劃稍向右上方適用於短文。

㈢中文照相打字字體

　　照相打字分為明體、黑體、圓體、新書體、隸書、楷書及特別字體。

● 明體：分為中明、粗明、特明、超特明、本蘭細明、中明六種字體。

● 黑體：分為細黑、中黑、粗黑、特黑、超特黑、超黑重疊六種字體。

● 圓體：分為細圓、中圓、粗圓、特圓、新細圓、新中圓、新粗圓、新特圓、超特圓及重疊十種字體。

● 篆體字　　　● 楷體字　　　● 行書　　　● 草書　　　● 淡古體　　● 行書體　　● 勘亭流體　　● 新草體

87

- 新書體：分為新書與圓新書。
- 楷書
- 隸書
- 其他：立體、圓空心體、方空心體、綜藝體、勘亭流體、淡古印、新草體……等。

㈣美術字體

凡是依主題的需求而設計出代表性的字體均屬於美術字體，美術字體的獨特性是以手繪的設計或手寫設計為主，常使用的工具有毛筆、平筆、麥克筆、沾水筆與針筆的描繪…等

英文字體裡分為：古文體、古羅馬體、現代羅長體、哥德體、埃及體、意大利體、草書體，裝飾體及設計字體，其中最常用的是現代羅馬體和哥德體，草書體常用於較為高貴的用品或請帖卡片上。

字體設計的要素

字體設計就個體而言。是表現字體形態與結構的美，然而就字體的整體而言，則是樹立文字的獨特風格，為了因應文明的各項需求，字體的設計絕非一種所能滿足；設計字體時因注意到：

⑴字體設計要具有清晰的閱讀性
⑵字體設計應具備文化特性
⑶字體設計應保有其審美性
⑷字體設計宜發揮個別性

● 具獨特風格的字體

● 有清晰明朗且具閱讀性的包裝

正稿技法
何謂正稿

正稿又稱完稿、黑白稿及印刷稿,在印刷前所要完成的精緻稿件,是將意念經複製程序呈現出來;複製生產方法最普遍的有印刷、攝影等,而在這複製中又以印刷最廣泛被使用。

一件完稿看似容易,內裡卻包括了攝影製作、插畫製作、排字及配色等,正稿主要是將圖片和文字的面積大小、位置、色彩及所需要的印刷效果,正確的在稿面上表現出來。

製作正稿應有的態度

一件好的作品必需要有下列的製作態度:

㈠認清主題

一件好的包裝設計作品一定能夠吸引消費大眾,如不認清主題,不僅東西銷售不出去,設計作品也會遭受到批評;每一件作品必定有它想表達的主題,製作正稿必須清楚的了解整個設計重心,然後整理素材,盡善盡美地將主題表達,這樣才會促使消費者的購買慾望

㈡詳盡的指示

所謂詳盡的指示是指在完稿紙上所標示的文字符號,如交代不清楚會使得印刷後的成品有所改變,造成不必要的損失,所有要指示的包括了文字、印刷色彩、尺寸、網目……等,只要有一項交代不清楚,就會有不必要的損失,浪費時間及金錢。

㈢版面絕對清潔

在初學者剛接觸時往往會在稿件上留下污點,影響作品的美觀及印刷的品質,這大多數都是技巧不熟練、工具骯髒及手的不清潔所造成,手容易流汗的人更須注意,最好避免直接接觸畫面。

㈣描繪確實

不論是線條、圖案、輪廓、表格或文字的描繪一定要正確,不可因麻煩而徒手繪製,在正稿的描繪不宜有太多的塗改,以免影響成品的美觀。

㈤校對清楚

在正稿完成後,一定要經過檢查,檢查稿件面積的指示;圖文位置是否準確,文字應再次小心校對,以免印出的成品有錯字,所標的顏色是否正確,切記不可貿然將稿件送出,一定要無誤後,才可送製版廠。

正稿的製作

㈠製作工具

■紙材:

　銅板紙,描圖紙,透明膠片(賽璐璐片)。

■繪製器材

　平行尺 (丁形尺)、三角板、雲形板、正圓板、橢圓板、蛇尺…等。

■繪器儀器

　圓規、分規等

■筆

　針筆、鴨嘴筆、麥克筆 (彩色筆)、鉛筆及圭筆。

■修正顏料及用具

　黑色廣告顏料、繪圖墨水及白色廣告顏料、修正液、橡皮擦。

■拼貼用具

　美工刀、剪刀、尖筆刀。

　割墊、鋼尺

　完稿噴膠、透明貼劑、樹脂 (白膠)、口紅膠、膠帶

■圖片處理用具

　影印機,比例計算表。

■標示工具

　色票、演色表、百分比灰度表。

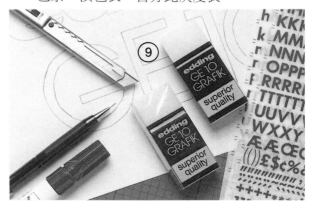

㈡正稿製作程序

1. 計算包裝展開圖之最大長寬尺寸。
2. 依包裝展開圖的四方各增5cm(1½″～2″)以決定完稿紙的大小。
3. 以鉛筆輕繪製展開圖的草稿和所需之角線十字線等。
4. 以淡藍色鉛筆草擬垂直與平行中心線及版面編排位置。
5. 選擇文案所需之字體大小,計算文案佔的面積。
6. 送打字,以藍色或黑色等書寫字稿內容,字體的種類與級數。
7. 在送打字的前後都應仔細的校對字體,文字內容。
8. 上針筆線及圖形上墨繪製。
9. 拼貼文字稿與圖片或複印後的印稿。
10. 校對檢查,覆蓋描圖紙。
11. 標示色彩與說明,盡量用以不易褪色的筆書寫。
12. 印刷注意與要求說明以藍筆書寫於完稿紙或描圖紙上。
13. 貼覆蓋保護紙,寫上公司名稱與工作案號。
14. 最後校正與檢查。

㈢完稿的基本規定

(1)紙張選擇與大小

　選擇紙張的原則是紙的質地優良,表面平滑,顏色雪白,一般均採用銅版紙較多,正稿製作必須考慮紙張太大時會影響製版時作業的時間,太小時不便標色與書寫印刷說明。

(2)出血

　為了避免裁切不準時所造成製作的不良,凡與四邊接觸的各種圖片,均應超出完成尺寸(裁切尺寸)0.3～0.5 公分的預留尺寸寬度稱之為出血。出血尺寸的大小,與成品尺寸成正比放大。

(3)線法規定

　①角線:表現方形印刷完成尺寸的四個角。採細墨線長約二公分,在包裝完稿上一般而言不採用,但視情形而定。

　②裁切線:藍色針筆表示。

　③摺線:在完成尺寸內採藍色針筆虛線表示,在完成尺寸外以藍色實線表示。

　④出血線:以紅色針筆實線表示,多以完成尺寸線外邊3mm～5mm。

　⑤十字規線:細墨針筆線,使用於覆蓋透明膠片時對準位置用,通常需置左右及下方共三個。

　目前台灣一般的完稿方式,並不採用紅、藍針筆,在裁切線、十字規線、製版尺寸與出血線使用墨線,完成尺寸線與內摺線使用鉛筆線。

包裝盒正稿繪法

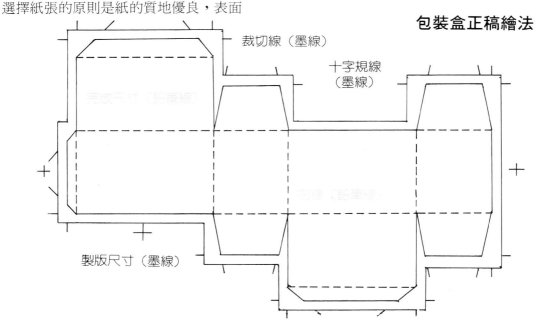

裁切線（墨線）
十字規線（墨線）
製版尺寸（墨線）

完稿製作程序

①初稿

② 色稿：由衆多的初稿中，選擇幾組，再重整爲
最後之草圖

③彩色精稿：其目的是告訴客戶印刷複製後的作
品樣式。

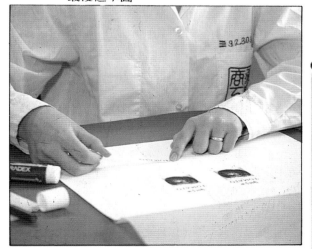

④製作完稿過程

91

完稿製作程序

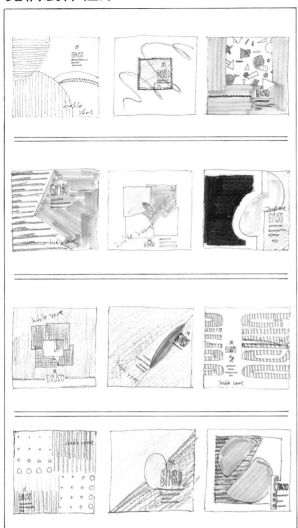

①初稿

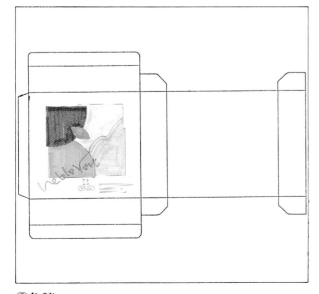

②色稿

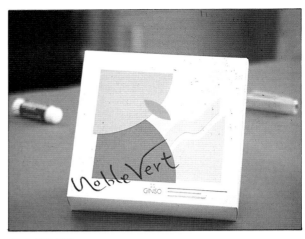

③立體精稿

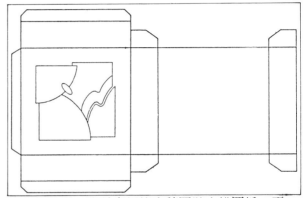

④完稿過程：將所畫好的完稿圖貼上描圖紙，再
標上所需之顏色

印刷設計
正稿與印刷的關係

　　正稿只是一張附有黑白圖文的稿件，要經過攝影製版將正稿的素材或影象，轉為印刷元素，才能行複製過程。

　　正稿為何是黑白的而無色彩呢？因為在攝影製版時，黑白兩色素是最具敏感力也最銳利，而製版的底片是採用黑白正片或負片來攝製，之後再將正片或負片的底片轉變為適合的版類，最後在這些版上加上不同顏色的油墨，便可印製不同的印刷品。

(一)網目

　　印刷完成後的圖片是由網點所組合成的，圖片直接印刷是不可能的，這樣只能得到黑白兩色效果。

　　在一單位面積上網點的多寡，會影響印刷成品的品質。一般以每一吋內的網點線數來計算，例如100線就是在1吋內可排列100個點，國內的印刷界常用60線、80線、100線、133線、150線、175線用於單色印刷，150線、175線、200線常用於彩色印刷，300線用於立體印刷，線數如愈多印刷成品愈精細。

　　網點的大小可控制油墨的墨量，所以在完稿時必須要標示清楚，通常都以5%、10%………90%、100%標示5%就是指在固定面積內網點占該面積5%，印刷術語稱半號點，10%稱為1號，20%稱2號點……以此類推，100%稱滿號。

(二)印刷四原色

　　印刷的四原色即為藍色、洋紅、黃、黑，為了求在完稿時標示的統一洋紅—M、藍—C、黃—Y、黑—BK（BL），由於網點大小的不同，所以利用印刷的四原色，可印出許多不同的色彩

(三)特別色

　　印刷四原色以外的色彩，統稱特別色，如：銀色、金色、螢光色，一張原稿印刷的油墨色彩，在3色以內可用特別色處理，超過四色都以印刷四原色處理。

　　特別色也可利用網點的大小來表示油墨的深淺，或與其他的色彩重疊印刷，亦可與印刷四原色同時存在，在大塊面積印刷時，特別色的效果比鋪平網的四色較好。設計者可依經濟能力的許可，在四色印刷中加入數種特別色的印刷，以求更高的品質。

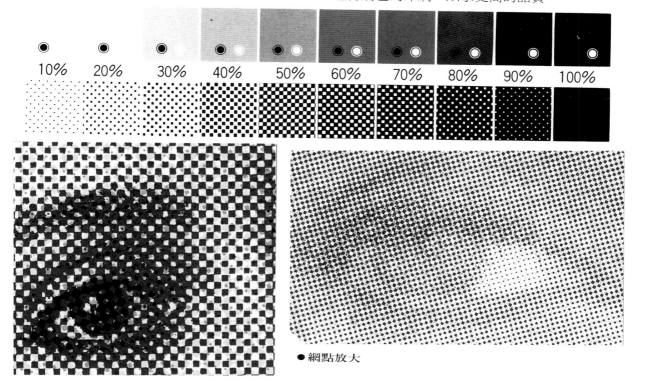

| 10% | 20% | 30% | 40% | 50% | 60% | 70% | 80% | 90% | 100% |

● 網點放大

印刷版種與特性

凸版印刷

(一)凸版印刷的原理

凸版印刷的原理與蓋印章相類似，在蓋印章時，印章上的文字是浮凸而且字體顛倒，凸版印刷也就是這原理；在印刷時凸出部分著墨，其餘的不著墨，當轉移至被印物時，即圖文變正，其餘的呈現空白。

(二)凸版印刷的製版分類

凸版印刷在製版時可分為：①鉛字凸版②鋅凸版③橡皮凸板，在這些版類中鋅凸版是為了要做特殊造形字體、圖案和圖片，要先製作方可參加組版；而橡皮凸版主要是用在被印物為塑膠膜、玻璃紙、瓦楞紙、軟管……等包裝印刷方面，因這些被印刷物的表面，不是柔軟不平就是堅硬粗糙，橡皮凸版就可以克服這些困難。

(三)凸版印刷的優缺點

優點：印刷後油墨色彩鮮豔亮麗，字體與線條清晰、適合少量印刷，或非常大量的印刷。

缺點：製版較難控制，製版費較為昂貴，不適合大版面的印刷物。

凹版印刷

(一)凹版印刷的原理

凹版印刷是圖文部份凹進去非圖文部份是平面；與凸版印刷相反，在印刷時先將油墨全部沾滿，然後將高於圖文部份的油墨刮試乾淨，再進行印刷，印刷時加壓於承印物上，使凹下圖文的油墨能夠吸著於印刷物上。

(二)凹版印刷的製版分類

凹版印刷分為：①雕刻凹版②照相凹版③電子凹版，而雕刻凹版又可分為手工雕刻、機器雕刻和雕刻腐蝕；手工或機器雕刻都是刻在研磨平滑的金屬面上，直接用以各類雕刻刀雕刻，然後以三角括刀和擂光刀將圖文部份削除，刮取而製成。雕刻腐蝕式的凹版是在金屬面塗以特殊抗蝕層，然後用雕刻針，劃去抗蝕層，再以腐蝕液腐蝕，使圖文部份凹陷而製成。

(三)凹版印刷的優缺點

優點：墨色表現力好，色調豐富，印品精美，不易被仿造，版面耐印力強，印刷數量大，被印物的材料廣。

缺點：製版工作較複雜，製版費昂貴，印刷費高，不適合小量印刷。

凹版印刷應用在包裝印刷方面有：塑膠包裝，鋁箔、玻璃紙、食品包裝、鐵皮、軟管包裝。

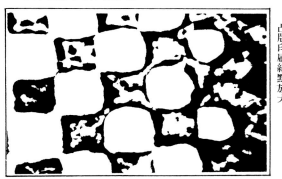

凸版印刷網點放大

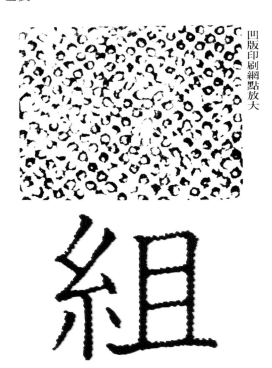

凹版印刷網點放大

平版印刷

(一)平版印刷的原理

平版印刷是由早期石版印刷發展而來的,其原理是利用水墨不相互混合的方法,由此種方法得到的畫面有擴散的現象,為了改進這缺點,遂改為間接的印刷法,即印刷版上的圖文是正的,轉印至橡皮筒上為反的,而後再轉印至被印物上;在此時也已將無法彎曲的石板改為可彎曲的鋅、鋁等金屬板。

(二)平版印刷的製版分類

平版印刷的版類可分為:①蛋白版②珂羅版③平凹版④平凸版。蛋白版是因塗有蛋白感光液的鋅版密接晒版而得名,大都用在單色書版印刷。珂羅版是德人阿爾巴特所發明,是以動物膠(骨膠)和重鉻酸銨調和為感光液,塗佈在玻璃版上,烘乾後與連續調陰片密合曝光,然後水洗、乾燥後而得,印刷時色調非常優美,缺點是製版不易和印刷量少,較適宜藝術品的複製。平凸版是針對蛋白版的缺點改良而得,類似凸版的特性,平凸版仍有缺點又利用凹版的特性,再發明精良的平凹版印刷。平凹版的製版法與平凸版大同小異,是目前國內彩色印刷最普遍的。

(三)平版印刷的優缺點

優點:製版簡單容易、快速、正確、成本價廉、便於彩色套印。

缺點:印刷時水和油墨互相影響,所以色調再現力減弱、缺乏鮮豔度,印量比不上凹版和凸版。

平版應用在包裝上有:紙質包裝紙,包裝袋、包裝盒、鐵皮印刷等。

孔版印刷

(一)孔版印刷的原理

孔版印刷又稱為網版印刷,早期因以絹布為材料,又稱絹印,號稱除了氣體和液體以外,任何成形的物體都可印製出來,其原理是以刮拭產生印壓,迫使調製的油墨透過網屏中的孔洞;閉塞的網孔不能透過印墨,因而印製出與網版上相同的設計畫面。

(二)孔版印刷的印製過程

張網→上感光液→烘乾→原稿製作→正片製作→正片密著曝光→水顯影(水洗)→烘乾→無底片曝光→完成版→印刷。

(三)孔版印刷的特徵

孔版印刷是利用刮壓的方式迫使印墨透過網屏上的孔洞轉移至被印物上,所以肉眼可感覺印墨的厚度,用放大鏡觀察不難發現有布紋的樣子產生,這是孔版獨有的特性。

(四)孔版印刷的優缺點

優點:適合於各種不規則面的印刷,這是其他版式無法作的,而且油墨濃度厚,色調豔麗。

缺點:印刷速度緩慢,生產量低,彩色印刷表現較為困難。

而孔版運用在包裝印刷上有:塑膠瓶、塑膠杯、玻璃杯、鐵皮包裝,陶瓷包裝及其他立體物的印刷。

平版印刷網點放大

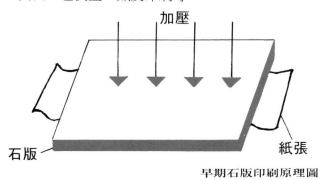

早期石版印刷原理圖

加壓

石版

紙張

特殊印刷

印金、燙金方式

燙金的印刷原理和凸版印刷相類似，是利用熱壓成型的原理把想印的圖文印製出來，因色彩是採用彩色的鋁箔紙熱壓而得，鋁箔的色彩鮮豔，自然非一般油墨印製的出。

凹凸壓印

在名片、卡片、邀請卡、精裝書封皮上，常可看見有凹凸形狀的圖文；製作原理是利用紙張的彈性，在紙張表面無油墨的加壓而成，處理的情形是這樣的，先要作一塊凹版一塊凸相互吻合，凸版在上凹版在下紙張放至中間後加壓即可得到成品。

浮出印刷

浮出印刷是在印刷物上圖文的部分摸起來有立體感而得名，處理的方法是在印刷時油墨未乾前，撒一層松香粉，松香粉會附著於油墨上，而後加以烘烤，松香粉即會熔於油墨中，成為透明的隆凸物，此種方法常用在喜帖、信封名片、鈔票、卡片、包裝盒上。

移印

移印是一種間接印刷的方式，用於不規則的被印物，像是球、玩具、膠囊、電腦或電話鍵盤……等。

移印通常是採用凹版或孔版為印版。印刷時，先將油墨刮至印版上，之後再將機上軟性膠質的移印頭接觸印版上的油墨，再移運至被印物印製，這樣就完成了移印的效果。

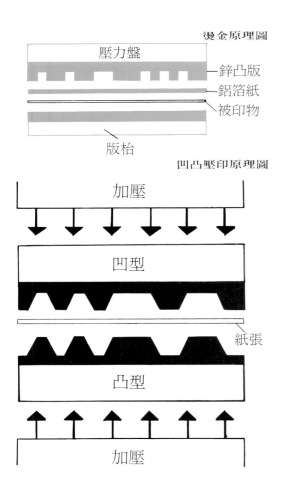

燙金原理圖

壓力盤
鋅凸版
鋁箔紙
被印物
版枱

凹凸壓印原理圖

加壓
凹型
紙張
凸型
加壓

燙金作品

分色照相

㈠分色照相原理

分色照相的原理是將彩色插圖複製成洋紅、黃、藍、黑四張底片，以作為彩色印刷用的照相，稱之為分色照相，其原理是根據加色法的色光三原色和減色法的色料三原色而來的，在分色照相時把色光或色料的三原色作成濾色鏡，而透過濾色鏡光線所感光的底片，印刷時所印油墨色彩是濾色鏡色彩的互補色，例如：濾色鏡是綠色，那麼透過它所感光的底片即為洋紅版。

㈡分色照相的種類

分色照相可分為：㈠間接分色②直接分色㈢電子分色。間接分色是早期的分色方法，是作為平凹版曬版之用；直接分色是在曝光電腦發明後，取代了間接分色，分色的過程省略了製作分色陰片，而採直接經過網屏過網實際大小的網陰片，而後將覆片翻成網陽片，故稱直接分色。電子分色其原理是利用電子分色機上的電射光直接對原稿掃描，經分色機處理，轉變為雷射光，再對底片曝光而得，目前國內多採以此種方法分色。

印刷用油墨

油墨的種類

油墨可分為透明油墨和不透明油墨，何謂透明油墨？當第二色印製在第一色時，其油墨重疊的部份會再產生另外一種的色彩，這就是透明油墨，透明油墨常在經過分色的印刷品上。何謂不透明油墨？所謂不透明油墨，恰好與透明油墨相反，不透明油墨是在第二色印在第一色上時，在油墨重疊處，將第一色的油墨完全遮蓋，這就是不透明油墨。

如依被印的材料而言，油墨又可分為紙質油墨、新聞紙油墨、金屬油墨、塑膠油墨……等。

紙質彩色油墨：透明度高，著色力強。

新聞紙油墨：高速印刷用，黏度底、滲透性好。

金屬油墨：著色力強，覆蓋力大，耐溫且含適量的金屬油墨。

塑膠油墨：附著力強，濃度低，具光澤性。

其他油墨：螢光油墨、紫外線油墨、亮光油墨……等。

油墨的成份

油墨的主要成份是顏料、舒展劑、填充劑和乾燥劑。

1.顏料：主要是調色用，可分為有機顏料及無機顏料；有機顏料又可分為天然染料和人造染料，天然染料是鋅黃、硫酸鋇……等，用於特殊的被印物。

2.舒展劑：主要的功能是將油墨固著於被印物上，含有溶劑與粘劑，溶劑是由動物油、植物油、合成油（杉香油）、礦物油（石油）提煉而成，其中以植物油最多。粘劑是由樹脂溶於松節油或石油精製成的透明粘稠液，又被稱為凡立水或假漆。

3.填充劑：其功能是要降低油墨的粘度，使油墨鬆軟平滑，容易印刷，一般常採用氧化鎂、碳酸鈣、凡士林。

4.乾燥劑：油墨乾燥的原理是利用溶劑的揮發性，一般的乾燥劑主要成份是鈷、錳、鉛、銅、鋅、鐵、鈣……等。

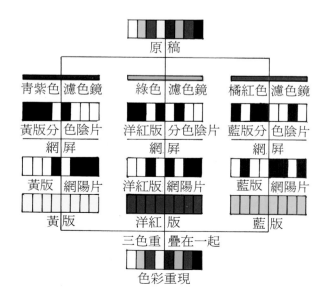

製作、印刷物的估價

在製作費中可分為1.設計費2.攝影費3.完稿費4.打字費5.印刷費。

而在印刷估價中分為1.製版分色2.晒版3.打樣4.紙價5.令數、份數6.印工7.加工8.運輸費用。

紙張的估價是以份數或令數為基本的估算，而一令等於500張全開的紙，這是最基本的成本估算，當在印刷時也會損耗紙張皆需計算在內，而包裝中的瓦楞紙是以〝才〞為單位，每1才為1平方台尺。

紙盒的分數計算是以紙盒展開圖的長、寬尺寸，計算在印版上所排之模數作為標準。

製版

〔彩色〕另加晒版費，每版400元			
開數	全紙	開 數	菊版
32K	1250元	G32K	1000元
16K	2000元	G16K	1500元
12K	2500元	G8K	2500元
8K	3500元	G6K	3000元
4K	6500元	G4K	4500元
2K	12500元	G2K	8500元
		G全	1500元
〔黑白〕另加晒版費，每版400元			
文字版	每版		1000元
圖片少	每版		1200元
圖片多	每版		1600元
同學錄	每版		2000元

製作物若超過四色另加特殊色，則增加版數
△無平網每頁一圖以內——圖少
△有平網每頁一圖以內——圖多

運費

發財車750元，加1處100元

打樣

打樣拼版費每塊200元～250元
打樣曬版費每塊300元
打樣印工平均每色工250～300元不等

印工

〔彩色〕		
國外產牌印刷機的單色價		
1令以內	每色	700元
2令～3令	每色	550～450元
4令～5令	每色	400～350
6令～10令	每色	350～300
11令～20令	每色	300～250
20令以上	每色	價格另議
國內產牌印刷機的單色價		
1令以內	每色	500元
2令～3令	每色	400元
4令～5令	每色	300～250元

金銀、螢光、消光、亮油、滿版
以3色計價　特別色　以2色計價
印工不滿1令以1令計

加工上光

區分	全紙	菊版
消光P	4500元	3500元
P.P.	2800元	2400元
U.V.	2000元	1800元

折工

千張計每單折100元
折運1500元

裁工

G8K　每令150元
裁運基本價1000元

燙金

鋅版每吋10元，基價200元
燙金每吋0.2元，基價1元
基價1000元

正片租賃類

項目	租金／元	項目	租金／元	項目	租金／元
①年曆	8000	⑱錄音帶包裝	5000	㉞標貼	5000
②月曆	8000	⑲相框	6000	㉟請柬	5000
③宣傳用海報	7000	⑳書刊封面	5000	㊱宣傳卡片	5000
④販賣用海報	7000	㉑書刊內頁	4000	㊲信封	4000
⑤電視廣告	6000	㉒年報	3000	㊳信紙	4000
⑥報紙稿全20	6000	㉓參考書	4000	㊴日記	4000
⑦報紙稿全10	5000	㉔雜誌出版社	4000	㊵筆記本	4000
⑧報紙稿半10	4000	㉕說明書	5000	㊶小手冊	4000
⑨雜誌廣告	5000	㉖DM簡介	5000	㊷撲克牌	5000
⑩車箱廣告	6000	㉗目錄	5000	㊸鉛筆盒	4000
⑪車體廣告	7000	㉘POP	5000	㊹小紙袋	4000
⑫遮陽簾	6000	㉙多媒體	5000	㊺賀卡	4000
⑬燈飾透明片	6000	㉚桌曆	6000	㊻書籤	4000
⑭壁材	6000	㉛日曆	6000		
⑮包裝	6000	㉜工商日誌	6000	㊽相簿	5000
⑯吊片	6000	㉝拼圖	6000	㊾標籤	4000
⑰唱片封套	5000	1.佣金利潤及加值稅5%另加			
		2.部分人物片租賃按定價加收20～30			

照相打字

項目	一般字體	圓體字	特殊字體
①7～24級	1.50	2.25	4.50
②28～44級	2.00	3.00	6.00
③50～62級	3.00	4.50	9.00
④70～100級	6.00	9.00	18.00
⑤表格			
⑥反白	按上列定價		
⑦底片	30%計算		
⑧急件			
⑨計算稿	加收50%		

1.不足50元之打字，以50元計算（限自取）
2.不足100元之打字，以100元計算（送稿）
3.例假日（含週六下午）以急件處理
4.加值稅5%外加

攝影製作類

項目	規格說明	單位	優越價 製作費／元	優良價 製作費／元
彩色正片	4×5一般商品	每張	4500	1800
	4×5人物	每張	10000	4000
	4×5巨體商品	每張	15000	6000
	4×5車輛	每張	30000	12000
	120一般商品	每張	2000	800
	120人物	每張	5000	2000
	135一般商品	每卷	9000	3600
黑白照片	120（沖5×7″）	每張	1200	600
	120（沖5×7″）	每卷	8000	4000
	135（沖3×5″）	每張	1000	500
	135（沖3×5″）	每卷	7200	3600
專業模特兒	外國籍 A極	每小時	面議	3500
	外國籍 A極	半天計	面議	12000
	外國籍 A極	全天計	面議	18000
	外國籍 B極	每小時	面議	2500
	外國籍 B極	半天計	面議	8000
	外國籍 B極	全天計	面議	12000
	本國籍 A極	每小時	面議	3000
	本國籍 A極	半天計	面議	10000
	本國籍 A極	全天計	面議	15000
	本國籍 B極	每小時	面議	2000
	本國籍 B極	半天計	面議	6000
	本國籍 B極	全天計	面議	10000

商業包裝類

項目	規格說明	單位	優越作品價		價良作品價	
			設計費／元	完稿費／元	設計費／元	完稿費／元
包裝盒	內外包裝系列	每件	50000	8000	20000	4000
	大型盒類	每件	45000	6000	15000	3000
	小型盒類	每件	30000	5000	12000	2500
包裝袋	大型袋手提袋	每件	20000	4000	8000	2000
	小型購物袋	每件	15000	3600	6000	1800
包裝紙		每件	20000	4000	8000	2000
唱片套		每件	25000	5000	10000	2500
吊卡式包裝		每件	20000	3000	8000	1500
瓶裝標貼		每件	15000	3000	6000	1500
容器造型		每件	40000		16000	

緩衝包裝材料

一、緩衝與固定的意義

當產品在運輸、儲存的途中，所遭受外力的侵襲，因外力的作用而產生運動和位移，為了防止運動時所產生的破壞，需施予緩衝包裝技術；為防止位移所產生的撞擊，需施予固定包裝技術，這兩者的技術與狀態稱〝緩衝固定包裝〞式簡稱〝緩衝包裝〞。

(一)緩衝

將急速運動之物，使它緩慢靜止之狀態，或是在物之間添加軟質材料，防止物品的擦撞，不使作用力集中於物體的某部份。

(二)固定

當產品受外力產生撞擊移動時，為防止接觸緩衝材料和容器比較易破損的部位，但應不使物體發生位移為前提條件。

目前一般所稱的〝緩衝包裝設計已含蓋了緩衝和固定的技術與狀態。

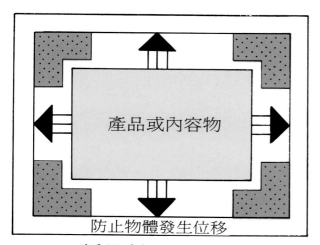

防止物體發生位移

二、緩衝材料的定義與種類

(一)緩衝材料的定義

常放置於產品與產品之間，產品與容器之間的各類襯墊材料，以吸收震動和防止表面的擦傷，及限制產品儲運期間發生的變動，減低產品所受的衝力。

(二)緩衝材料的種類

緩衝的材料可分為：

(1)纖維緩衝材

植物性纖維類：紙漿、稻草、棕櫚、椰子等製成之塊狀物。

動物性纖維類：毛髮塊狀墊、羊毛氈。

礦物性纖維類：玻璃纖維、石棉。

(2)紙類緩衝材

瓦楞紙板、瓦楞芯紙、皺紋紙、蔗渣板、角紙、紙管。

(3)絲狀緩衝材

木絲、紙絲、玻璃紙絲

(4)粒狀緩衝材

EPS粒、樹皮、鋁屑。

(5)塑膠膜緩衝材

氣泡布（Air Bubble）。

(6)發泡塑膠緩衝材

發泡聚苯乙烯（EPS）、發泡聚苯乙烯紙（P.SP或珍珠紙）、發泡聚乙烯（EPE）、發泡聚乙烯布（ＰＥ布或舒服多）、發泡氨基甲酸酯（EPU）

(7)緩衝裝置

彈簧、懸垂裝置、浮吊式。

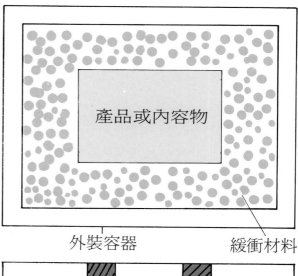

外裝容器　　　　　　　　　緩衝材料

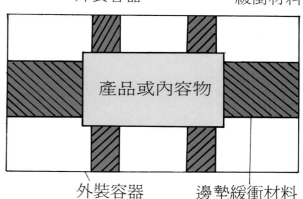

外裝容器　　　　　　邊墊緩衝材料

101

受壓板

產品或內容物

外裝容器

三、主要緩衝材料介紹

㈠發泡聚苯乙烯

一般稱為Polylon是石油化學品SM，苯乙稀單體聚合再加入發泡劑，經乾燥而得。發泡聚苯乙烯是學名，一般簡稱EPS，或Polylon（普利龍）。

EPS的特性

1.加工性

襯墊或平板需粘貼接著時，可採用熱溶樹脂、膠、水性酒精接著劑等。

包裝設計需色彩配合時，可用水性色料著色或揮發性色料滲入成型。

2.一般特性

斷熱性優良，在「熱」、「寒」季節能完全遮斷阻止，70度高溫或－60度低溫，在長期使用的狀態下不會影響外觀、尺寸及機械強度。

完全獨立氣泡，不透水分、濕氣，是防濕的理想材料。

抗張力、彎曲力、壓縮力強，以及機械強度亦佳。

耐衝性，可安全保護產品，防止產品破損。

3.EPS的使用特點

緩衝性良好，耐衝擊、防水、防潮、不吸水、不老化、不臭不腐、熱傳導率小、隔熱效果佳、質量輕、搬運施工方便、不發霉、加工、施工粘合、成型容易。

㈡發泡聚乙烯紙

俗稱〝珍珠紙〞，具耐衝擊性、防水性、質料輕，可塑成型各種形狀的發泡體，簡稱P.SP。

特點：

隔熱性佳、質量輕、外觀白色具光澤、衛生無毒無臭、緩衝性佳、防水性佳，可切成絲狀，作內包裝時的緩衝材料。

用途：

經真空壓鑄可壓鑄成盤、碗、碟、杯等容器，在餐飲食品上也可壓鑄成便當盒、碗盤、雪糕盒、牛奶盒、冰淇淋盒、糖果糕餅禮盒……等，在工業產品上，玩具、隨身聽、勞作教材、裝飾品都可鑄成。

㈢發泡聚乙烯

發泡聚乙烯簡稱EPE，採用高壓聚乙烯為原料，經特殊加工，押出瞬間發泡，連續製造出布狀獨立氣泡的發泡體，適合用於緩衝包裝材、建築隔熱材、冷凍、遮音、浮揚……等。

EPE的特性：

具有優良的緩衝性、堅韌性、耐久性、彈力性和適度的柔軟性、重量輕、可抗拒化學性之侵害、防止水份或塵埃的侵襲，無毒性、無氣味性。

用途：

適用於傢俱、器皿、電器、電子產品、精密儀器和農產品等包裝

㈣發泡聚氨基甲酸乙酯

發泡聚氨基甲酸乙酯，簡稱EPU是利用兩種液狀樹脂原料，經特殊噴出機及噴鎗直接注入包裝容器內，經約20秒的發泡過程，固定成形為一種半剛性體的包裝保護材料。

用途：

發泡EPU緩衝材適用的單位價值高，精密度高，形狀特殊……等。

電子產品：如電視機、收錄音機、電腦終端機……等

在精密零件如：工業用的儀表、計器、試驗儀器、醫療設備、飛機設備、核電廠設備……等

在易碎品或經濟價值較高的產品有：仿古的工藝品、藝術陶瓷……等

㈤氣泡布

氣泡布採用聚乙烯塑膠原料，經加工製成規則性之密集氣囊，具有防水、防油垢、抗酸、防震、質輕柔軟等特性，其獨特的氣囊具有抵消衝擊力的功效。

特點：

耐衝擊性、隔熱性好、耐化學性、透明度好、保護性佳、用法簡單……等

用途：

收錄放音機、電視機、印刷電路盤、電子管、照明器具、計測器、通信機、時鐘、陶瓷、玻璃器具、餅乾、美術用品……等。

㈥泡綿

泡綿同屬〝聚氨基甲酸乙酯〞系列的產品，是經聚合、催化、發泡而成，具有透氣、透水的塊狀泡綿，再經加工就可用於包裝上。

特點：

質地柔軟，絕緣、透氣……等特性。

泡綿按發泡倍率，可分為軟質、半硬質、硬質三種，軟質和半硬質除適用於產品保護外，方可用於運動器材、保溫、保冷、隔音材料和空氣過濾……等。

適用於精密零件、照相機、望遠鏡及輕量化的產品。

紙箱標示與包裝搬運標誌

　　我國的國家標準爲CNS　Z5030和CNS Z5071對貨品搬運的圖案標誌有明確規定，與國際上的規定標誌大致相同。

　　國際上包裝搬運標誌區分爲危險物標誌及警告物標誌。

警告標誌圖例

①

②

③

④

⑤

⑥

⑦

⑧

1.警告標誌

中　　　文	英　　　　　　　　　　　　　　　　　　　　　文
①此方向上	RIGHT WAT UP,THIS SIDE UP.DO NOT TILT
②小心搬運	FRAGILE,HANDLE WITH CARE
③切勿受潮	KEEP DRY
④勿用手鈎	USE NO HOOKS, DO NOT PUNCTURE
⑤吊索位置	SLING HERE
⑥此端重心	WEAVY WEIGET THIS END
⑦切勿掉落	DO NOT TUMBLE,DO NOT DROP
⑧貨物中心	CENTER OF BALANCE

危險標誌圖例

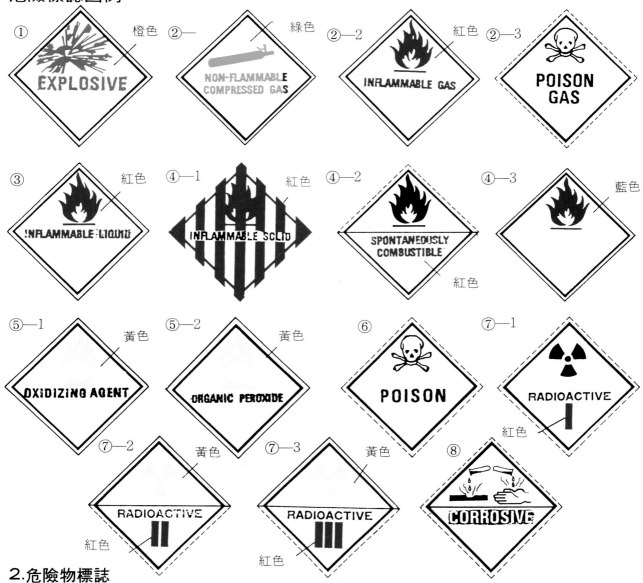

2.危險物標誌

中　　　文	英　　　　　　　　文
①爆炸物	EXPLOSIVE
②—1不燃壓縮氣體	NON－FLAMMABLE COMPRESSED GAS
②—2易燃氣體	INFLAMMABLE GAS
②—3毒氣	POISON GAS
③易燃液體	INFLAMMABLE LIQUED
④—1易燃固體	INELAMMABLE SOLID
④—2自燃物質	SPONTANEOUSLY COMBUSTIBLE

中　　　文	英　　　　　　　　文
④—3遇潮濕危險物質	DANGEROUS WHEN WET
⑤—1氧化劑	OXIDIZING AGENT
⑤—2有機過氧化物	ORGANIC PEROXIDE
⑥　有毒物質	POISON
⑦—1放射性物質	RADIOACTIVE
⑦—2放射性物質	RADIOACTIVE
⑦—3放射性物質	RADIOACTIVE
⑧　腐蝕性物質	CORROSIVE

相關法規

商品標示法

第四條　本法所稱之標示,指廠商於商品本身、內外包裝或說明書上、就商品之名稱、成份、重量、容量、規格、用法、產地、出品日期或有其它有關事項所為之表示。

第五條　商品之標示、不得有下列之情事:
(一)內容虛偽不實者。
(二)標示方法有誤信之虞者。
(三)有背公共秩序或善良風俗者。

第六條　商品標示所用文字,以中文為主,得輔以外文,外銷商品,不在此限。

第七條　外銷商品改為內銷或進口商品出售時,應加中文標示或附中文說明。

第八條　商品經包裝出售者,應於包裝上標明下列事項:
(一)商品名稱。
(二)廠品名稱與廠址。
(三)內容物之成份、重量、容量、數量、規格或等級。

第九條　商品有下列情形之一者,應標明其用途、有效日期、使用與保存方法及其他應行注意事項:
(一)有危險性者。
(二)有時效性者。
(三)與衛生安全有關者。
(四)具有特殊性質或需特別處理者。

第十條　下列事項未經該管主管機關核准者、不得標示;其前經核准而已失效者,亦同:

(一)商標授權使用。
(二)專利權。
(三)技術合作。
(四)其他依法應經核准方得標示之事項。

前項第二款專利權之標示,應註明其專利名稱及證書字號;第三款技術合作之標示,應註明有效期間及合作對象。

第十一條　外銷商品應於商品本身或內外包裝上,以中文或規定之外語譯文標明其產地。但因特殊情形經中央主管機關核准者外,不在此限。

第十二條　商品除依本法或其他法律規定應行標示者外,中央主管機關得就各種商品之特性、規定其應行事項及標示之方法。

第十三條　商品標示之有關規定,於商品廣告準用之。

依標示法包裝上應標明的資料:
(一)商品名稱。
(二)廠商名稱及廠址。
(三)內容物成份。
(四)內容物重量、容量、數量、規格或等級。
(五)出品日期(製造日期)。
(六)有效日期(有效期限)。
(七)用途。
(八)使用與保存方法。
(九)其他應行注意事項。

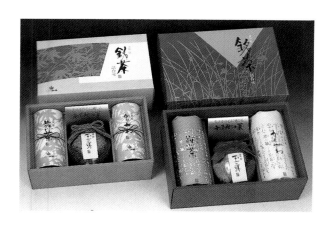

商標法

第一條　爲保障商標專用權及消費者利益，以促進工商企業之正常發展，特製定本法。

第二條　凡因表彰自己所生產、製造、加工、揀選、批售或經濟之商品，欲專用商標者，應依本法申請註册。

第三條　外國人所屬之國家，與中華民國如無相互保護商標之條紀或協定，或依其本國法律對中華民國人申請商標註册不予受理者，其商標註册之申請，得不予受理。

第四條　商標包括名稱及圖樣，其所用之文字、圖形、記號或其聯合式、應特別顯著，並應指定所施顏色。

第五條　商標所用之文字、包括讀音在內，以國文爲主；其讀音以國語爲準，並得以外文爲輔。
外國商標不受前項拘束。

第六條　本法所稱商標之使用，係指將商標用於商品或其包裝或容器之上，行銷市面而言。

第廿一條　商標自註册之日起，由註册人取得商標專用權。
商標專用權以請准註册之圖樣、名稱及所指定之同一商品或同類商品爲限。

第廿二條　同一人得以近似之商標，指定使用同一商品或同類商品，申請註册爲聯合商標；並得以同一商標，指定使用雖非同類而性質相同或近似之商品，申請註册爲防護商品。

第廿三條　凡以普通之方法，表示自己之姓名、商號、或其商品之名稱、形狀、品質、功用、產地或其他有關商品本身之說明，附記於商之上者，不爲他人商標專用權之效力所拘束。但以惡意而使用其姓名或商號時，不在此限。

第廿四條　商標專用期間爲十年，自註册日起算。
前項專用期間，得依本法之規定，申請延長。但每次仍以十年爲限。

第卅一條　商標專用權，除得由商標專用權人隨時申請徹銷外，凡在註册後有下列情事之一者，商標主管機關應依職權，或劇利害關係人之申請徹銷之：
㈠於其註册商標自行變換或加附記，致與他人使用於同一商品或同類商品之註册商標構成近似而使用者。

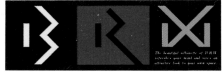

㈡註册後，並無正當事由、迄未使用、已滿一年，或繼續停止使用，已滿二年者。

㈢商標專用權已轉讓滿乙年，未申請註册者。

㈣違反第廿六條規定而授權他人使用、或明知他人違反授權使用條件而不加干涉者。

前項第二款之規定，對於防護商標或聯合商標仍使用其一者，不適用之。

商標主管機關應於爲第一項之徹銷處分前通知商標專用權人或其商標代理人限期提出書面答辯或陳述商標專用權人受第一項之撤銷處分確定者，於撤銷之日起三年以內，不得於同一商品或同類商品，以相同或近似於原申請註册之 商標申請註册。

第卅五條　申請商標註册，應指定使用商標之商品類別及商品名稱，以申請書向商標主管機關爲之。

商品之分類，於施行細則定之。

第卅六條　二人以上於同一商品或同類商品以相同或近似之商標，各別申請註册時，應准最先申請者註册；其在同日申請而不能辨別先後者，由各申請人協議讓歸一人專用；不能達成協議者，以抽籤方式決定之。

第卅七條　商標圖樣有下列各款情形之一者，不得申請註册。

㈠相同或近似於中華民國國旗、國徽、國璽、軍旗、軍徽、印信或勳章者。

㈡相同　國父或國家元首之肖像或姓名者。

㈢相同或近似於紅十字章，或有中華民國參加之其他國際性組織之名稱或標章、或外國之國旗軍旗者。

㈣相同或近似於聯合國名稱或徽記者。

㈤相同或近似於正字標記、或外國政府所規定之同性質標記者。

㈥有妨害公共秩序或善良風俗，或有欺罔公衆或使公衆誤信之虞者。

㈦相同或近似於世所共知他人之標準，使用於同一或同類商品者。

㈧相同或近似於同一商品習慣上通用之標章者。

㈨相同或近似於中華民國政府或展覽性質之集會所發給褒獎牌狀者。

㈩凡文字、圖形、記號或其聯合式，係表示申請註册商標所使用之商品本身習慣，所通用之名稱、形狀、品質、功用或其他有關商品本身之說明者。

(十一)有他人之肖像、法人及其他團體或全國著名之商號名稱或姓名、未得其承諾者，但商號或法人營業範圍之內商品，與申請註册之商標所指定之商品非同一或同類者，不在此限。

(十二)相同或近似於他人同一商品或同類商品之註册商標，及其註册商標失效後未滿一年者，但

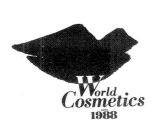

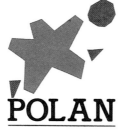

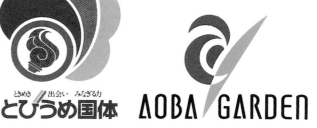

其註册失效前已有一年以上不使用時，不在此限。

(十三)以他人註册商標作爲自己商標之一部份，而使用於同一商品或同類商品者。

依前項第十一款或第十二款之規定申請註册之商標、應證明依各該款規定得准註册之事實。

新式樣專利法

第一一一條　凡對於物品之形狀、花紋、色彩首先創作適於美感之新式樣者，得依本法申請專利。

第一一二條　本法所稱新式樣，謂無下列情事之一者：

㈠申請前有相同或近似之新式樣、已見於刊物或已在國內公開使用者。

㈡有相同或近似之新型或新式樣核准專利在先者。

近似之新式樣，屬於同一人者，爲聯合新式樣不受第二款之限制。

第一一三條　下列物品不予新式樣專刊：

㈠妨害公共秩序、善良風俗、或衛生者。

㈡相同或近似於黨旗、國旗、國父遺像、國徽、軍旗、印信、勳章者。

第一一四條　申請專利之新式樣經審查確定後給予新式樣專利權，並發給證書。

新式樣專利之期間爲五年，自公告之日起算。但自申請之日起不得逾六年。

第一一七條　以新式樣申請專利，應指定所使用新式樣之物品，並敍明其類別。

第一一九條　新式樣間專利權爲專利權人就其指定新式樣所使用之物品，專有製造或販賣之權。

第一十二條　本法第一百十六條規定之圖說，應以國家標準甲四號（二一〇×二九七公厘）紙製品，並備具同式三份載具下列事項：

㈠創作名稱乃指定使用之物品類別。

㈡創作人姓名、籍貫（或國籍）、住址。

㈢申請人姓名、籍貫（或國藉）、住址、如爲法人應加具代表人。

㈣創作説明。

㈤請求專利部份。

㈥圖面。

前項第四款之創作説明，應簡要敍述指定使用物品之範圍及創作式樣之特點。

第一項第五款之請求專利部份，應就附圖物品之形狀、花紋或色彩指定之。

第一項第一款第五款應直式横書，第六款之圖面應以墨線繪製六面圖（正面、左側面、右側面、平面、底面、背面圖），但得以照片代之。

人依本法第一百二十條第二項之規定，申請聯合新式樣者，應另附具原新式樣（即被聯合新式樣）圖說一份。

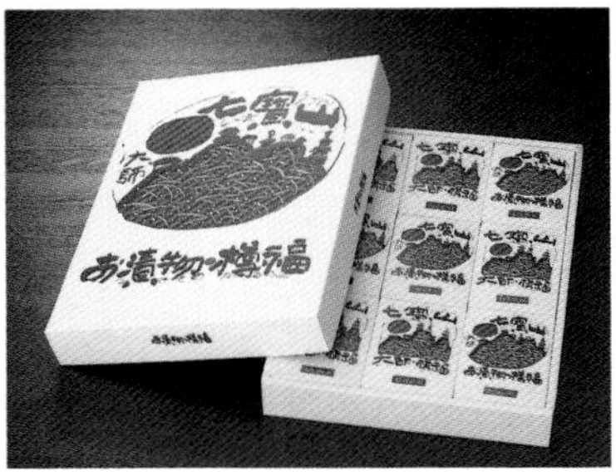

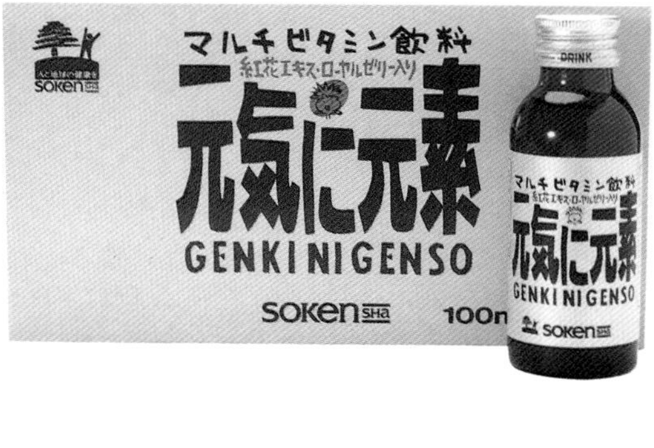

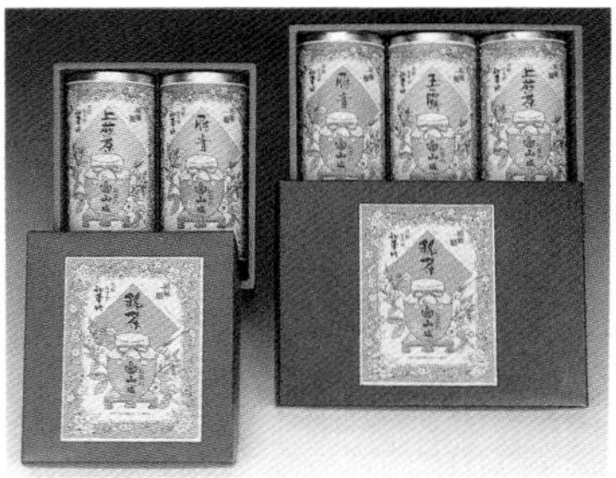

禮品包裝

②包裝紙黏貼於頂點。

⑥左側包裝紙配合中心，摺成三角形。

材料：黑色包裝紙、法式金屬帶（銀白色）、法式網狀絲帶（金黃色）、貼紙。

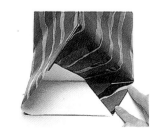

③右側包裝紙依邊摺起。

⑦左側包裝紙對齊邊緣摺起，加貼紙固定。

④前面的包裝紙依角摺起，對準盒子的邊緣。

⑧以③～⑥的要領摺另一側。

⑤包裝紙往上摺。

⑨貼上貼紙固定即可。

①盒子立於中央。一邊摺返約1公分，貼上盒子寬度的雙面膠。

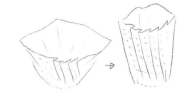

♥俏皮的紅果子飾物

材料：素色與印花包裝紙、緞帶、紅果子飾物。

作法：包裝紙四邊剪成鋸齒狀，二張包裝紙重疊，中央放入盒子，邊摺邊包起來，用緞帶紮緊，袋口打開如花朵，再加上紅果子即可。

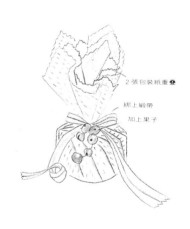

2張包裝紙重疊
綁上緞帶
加上果子

材料：包裝紙、義式圓點緞帶、法式金屬帶（金黃色）、貼紙、鐵絲。

①瓶子橫放在可包住底部以上3公分的位置。

②由一邊包捲瓶子。

③捲至⅔時，右側往上提。

④抓出褶縫1點集中。

⑤抓出4～5條褶縫，使紙張與桌子成直角。

⑥多餘的紙張往內，邊摺邊捲。

⑦捲完用貼紙固定。

⑧瓶口抓出皺褶繫緊。

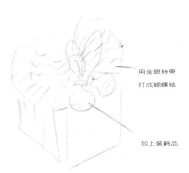

用金銀絲帶
打成蝴蝶結

加上裝飾品

♥銀色夢幻盒

材料：包裝紙、緞帶、飾物、鐵絲。

作法：若不擅長包裝，可採用這種包裝法，以緞帶爲重點，選擇素色的包裝紙，將包裝好的禮物，綁上寬緞帶和2個銀球，用鐵絲固定即可。

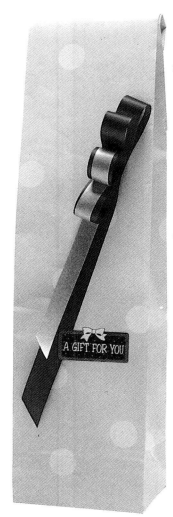

材料：包裝紙、緞子、貼紙。

④底部返摺。

⑧另一側3邊貼上雙面膠。

①在兩邊畫出中線。

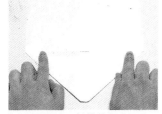

⑤打開返摺處，把雙角摺成三角形。

⑨重疊黏貼。在兩側形成三角底的部分加上褶痕。

②對準中線摺上去。

⑥有接縫的那一面對準中線加上摺痕。

⑩改善摺痕的方向、製作三角底。

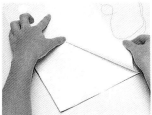

③摺疊對面的紙，重疊約0.5公分，內側加雙面膠固定。

⑦在摺痕上方貼上雙面膠。

⑪完成。

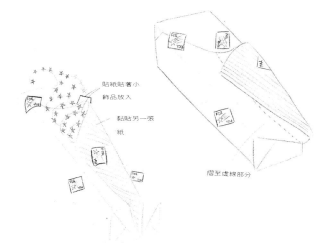

貼紙貼著小飾品放入

黏貼另一張紙

摺至虛線部分

♥星光閃閃的禮物

材料：兩面均可使用的包裝紙、貼紙，附上星星的銀鐵絲。

作法：盒子放在中央、左右兩側摺起黏上膠帶，接縫在中央往前捲成
　　　圓筒狀，用貼紙固定星星鐵絲。

③全部抓出均勻的褶縫。

①瓶子放在包裝紙中央。

④扭轉瓶子，使褶縫更鮮明。

②將瓶口部分抓出褶縫繞一圈。

⑤完成。

♥用水果圖案增加俏皮感

材料：綠、黃色包裝紙、帶子、印
　　　花包裝紙、卡片。

作法：將包裝紙邊緣剪成鋸齒狀，
　　　將盒子放在中央、左右兩側
　　　摺起黏上膠帶，再繫上帶
　　　子，然後用鋸齒剪刀剪下印
　　　花包裝紙上的水果圖案，貼
　　　上裝飾。

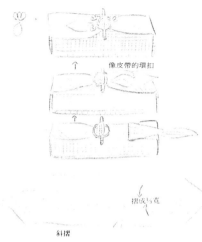

♥雙色格紋布包裝法

材料：雙色格紋布、籐製花環、肉
　　　桂花、加上鐵絲的木枝。

作法：先用一塊布包住盒子，再把
　　　另一塊格紋布斜裁成盒子的
　　　寬度，用花環和肉桂花做成
　　　皮帶扣，繫住格紋布，再加
　　　上木枝裝飾。

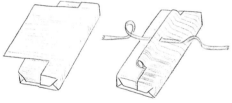

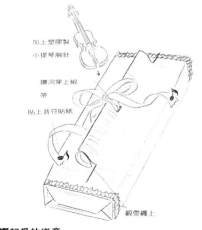

♥響起愛的樂章

盒子放在包裝紙中央，左右兩側摺起黏上膠
帶、樂譜包裝紙上的接縫剪成如圖所示的形
狀、這部份捲成圓筒狀，穿上緞帶打成蝴蝶結。
兩邊貼上紅色的緣飾，並把小提琴固定。

作品欣賞／歐普設計有限公司提供

● 野戰薑茶

● 統一烏龍茶

● 統一醬油

● 唐點子

●唐點子

作品欣賞／歐普設計有限公司提供

● 奇波力

● 立頓烏龍茶、茉莉花茶

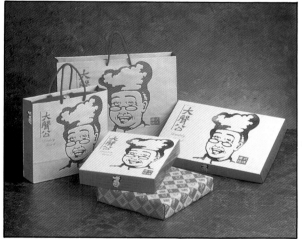

● 大聲公

● 甜甜圈

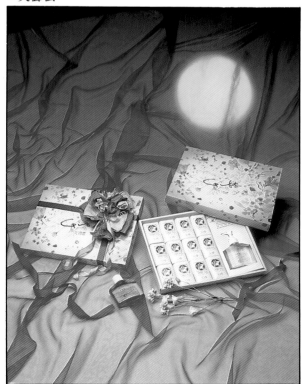

● 比佛利禮盒

● 比佛利

作品欣賞／孫進財、歐普設計有限公司提供

● BOKS手錶

● 統一飲料系列

● Nac Nac系列用品

● 統一飲料系列

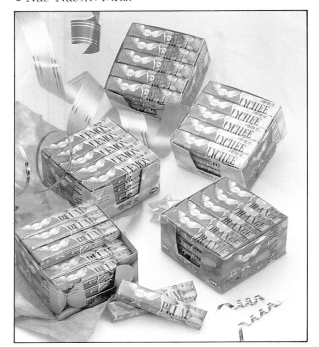

● 曝曬皮

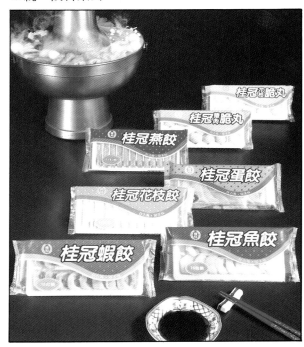

● 桂冠火鍋料系列／孫進財

作品欣賞／黃素美、程湘如、歐普設計

● 萬年春茶包系列／黃素美

● 歐普設計有限公司提供

金門酒系列／程湘如
瓶型
1.高梁酒系列玻璃瓶兩側分別以直線條構成陽剛面
　，展現烈酒的特值。
2.藥酒系列中，金剛藥酒呈現方正的男性風格；風
　濕藥酒則在六面體銜接圓體的剛柔並濟中傳達大
　眾性。
包裝：
1.高梁酒系列以金門傳統的閩南建築顯示地域色彩
　、斜掛的色帶與金字組合顯示獲獎的珍貴性。

2.藥酒系列以金門村落特有的「風濕爺」造形，展現
　特有風土民情，並以有力的書法帶動藥酒的療效

● 歐普設計／王炳南

● 積極保養系列／賴靜生

作品欣賞／邢公權、馮志雄、鄭志浩

元穠九壺茶莊系列／邢公權
● 整組的包裝產品設計、具有視覺識別的功能。

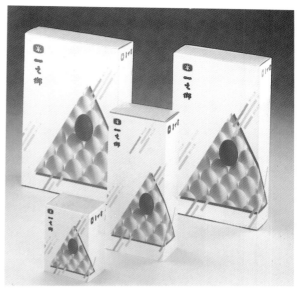

一之鄉彌月禮盒／馮志雄
● 圖中的紅蛋產生了明顯對比，使人視覺焦距集中在紅蛋，同時無形中便訴說產品的特質。

可口脆笛酥系列／鄭志浩
● 依口味連想到包裝色彩的計劃、及各種活潑可愛的人物造形，同時亦訴說了促銷的對象。

作品欣賞／賴靜生

● 賴靜生／①蓓雅伊保養系列
　　　　②雪荷美白系列
　　　　③印象19香水
　　　　④皙美白保養系列
　　　　⑤艾露伊蘆薈系列

⑤

①

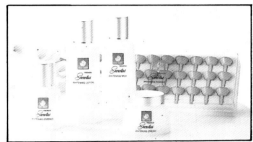

②

③

④

作品欣賞／江美華、詹朝棟

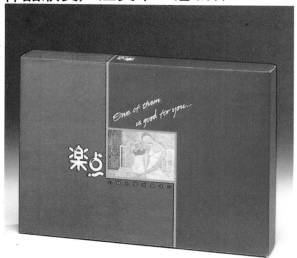

● 樂點禮盒／詹朝棟

● 詹朝棟

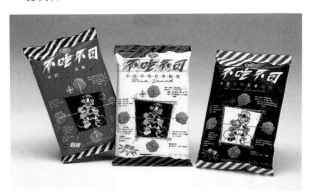

● 不吃不可／江美華

● 樂點人參飲料／詹朝棟

● 葵花油／江美華

作品欣賞／王正欽、王芳枝

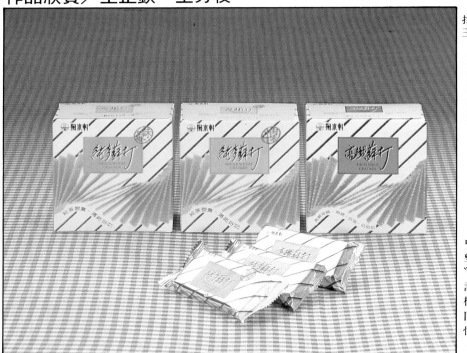

掬水軒蘇打餅干系列設計／
王正欽

設計概念是由蘇打餅干的〝
薄〞與〝脆〞來表現配合律
動的餅干排列與活潑的斜紋
構圖，使整體輕鬆愉快的氣
氛表露無疑。

中秋節禮盒系列設計／王芳枝
整體設計以中國吉祥的色彩
〝大紅〞為主，帶來節慶的喜
訊標題〝亭台樓月共賞，金
樽美酒同醉〞與刺繡底紋，
同時描繪著古意盎然的秋節
情景，而硬式書型紙盒造型
，則傳遞了款款馥郁的情誼。

廣告設計叢書3

包裝設計點線面

DesIGNER'S

廣告設計叢書3

包裝設計點線面

北星圖書公司

新形象出版事業有限公司

作品欣賞—瓶類

● 咖啡的瓶裝具防濕功能

● 由產品所引發的包裝色彩具有視覺上的區分

● 瓶裝水果酒

● 鋁罐及瓶裝生啤酒

● 字體青綠色為主的酒瓶

● 用顏色區分酒的口味

● 以圖片區分，讓購買者有最快速的閱讀性

● 果汁的瓶裝，以繪畫方式訴說種類

● 瓶裝及鋁罐裝的生啤酒

● 以金色爲主，有高貴的感覺

127

● 以酒本身的顏色來加以區分

● 簡單明瞭的色塊點出產品名稱

● 盒裝酒瓶具陳列功用

● 以寒色系為主，使消費者有清涼、乾淨的感覺

● 顏色配分字體相互運用

● 盛裝沙拉油的瓶子

● 以寒色系為主的礦泉水

● 用以茶色、棕色來表示茶的味道

● 特殊的瓶裝，可吸引消費者視覺上的感受

● 瓶裝酒瓶以本身的性質、顏色區分

● 以手寫字體來訴說產品

作品欣賞—化粧品

● 用以深色的瓶蓋來做視覺最初的引導

● 一系列保養品在設計上具有視覺的統一

● 用顏色區分適用性質

● 以商標做為主要之產品包裝，具有企業識別之功能

131

● 用深色柔和的顏色具高貴氣息

● 整組有古典的感覺

● 化粧品以深色的顏色表現其產品的高貴

● 較爲現代化的保養品

● 以插圖做視覺的集中點

● 用以柔和的紫色做主色系

● 以插圖向消費者訴說使用對象

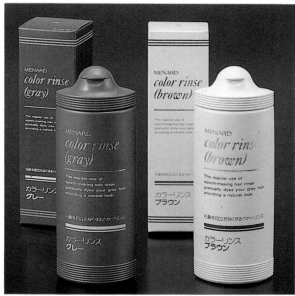

● 現代化的造型

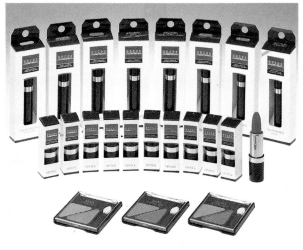

● 一系列的化粧品

● 具高貴典雅的感覺

① 較現代化的化粧品
② 以黑色系爲主具高貴性質
③ 整組的化粧品以柔和的顏色
　襯托產品的性質。

①

②

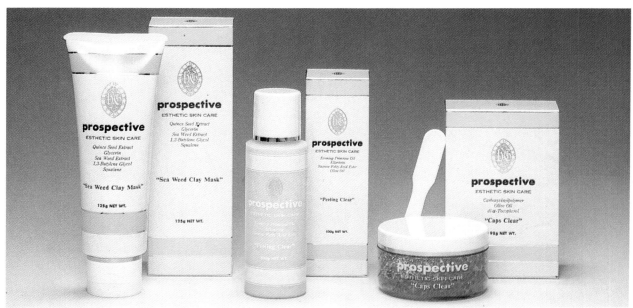

③

●藍色系的包裝，令
　人有乾淨的感覺

作品欣賞—紙器類

● 柔和的顏色，訴說產品的柔軟

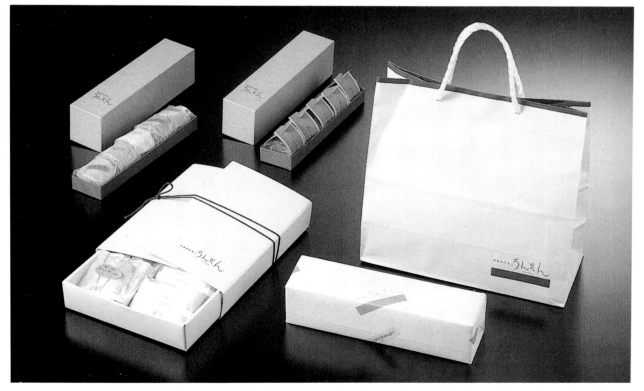

● 手提紙袋及紙盒包裝

● 包裝盒外的顏色以柔色系為主

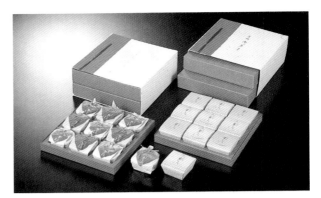

● 具展示功能的包裝

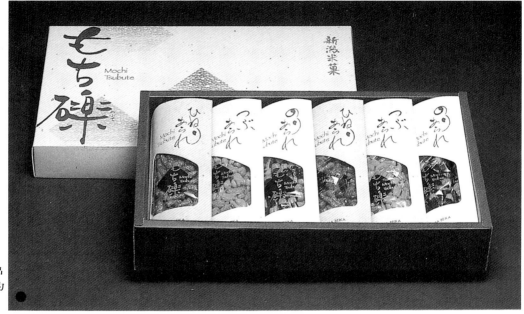

● 將內容物表現出
來達到產品信用的
目的

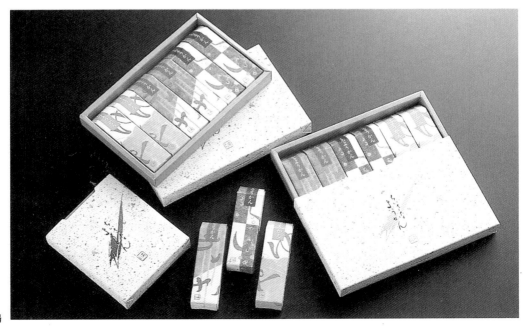

● 色彩豐富而不濁

● 外觀以輕柔的顏色為主

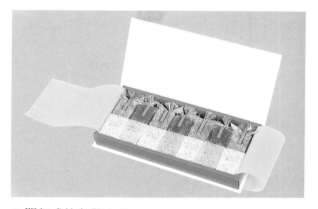

● 開起式的包裝盒具展示功用

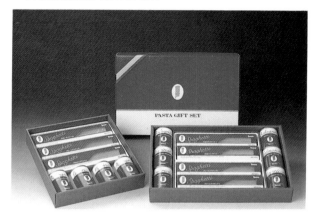

● 用紅色系為主，較具強眼的功用

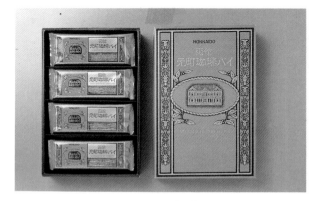

● 整體感覺將咖啡點出古典氣息

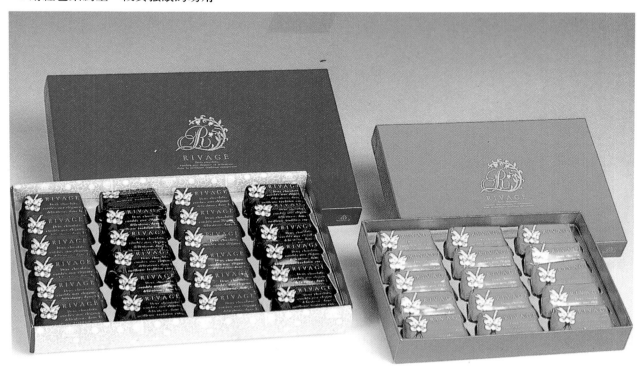

● 用顏色區分產品的內容物

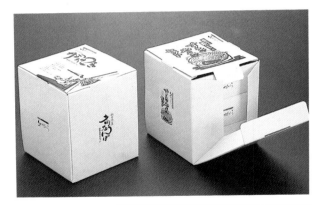

● 產品上以圖片訴說茶的性質

● 將產品露出來，給消費者選購
　送禮時較爲方便

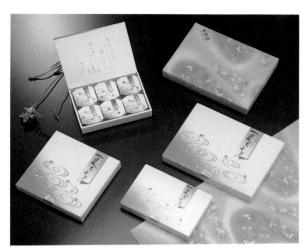

● 利用噴畫的效果達到輕柔舒服的感覺

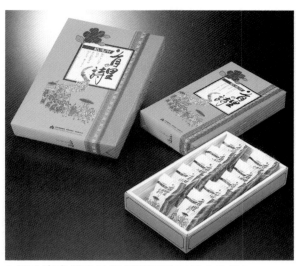

● 用手寫字體及民俗挿圖可達到具文化特性

● 將產品圖片用出來，使消費者一目瞭然

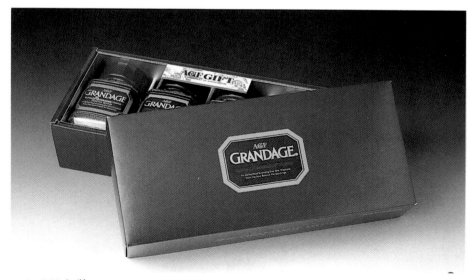

● 咖啡的包裝

● 以暖色系爲主的包裝

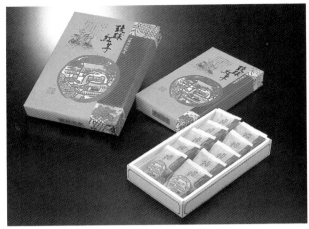

● 具文化特性的包裝

● 以對比的顏色分出產品的不同

● 將產品圖表現出來

● 有典雅氣息包裝

● 具展示功能的包裝

● 盛裝蔬果的器皿

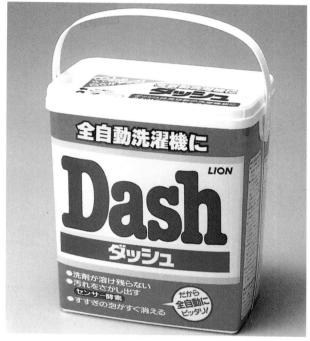

● 洗衣粉的外殼包裝，色特別的鮮明強調某種功用

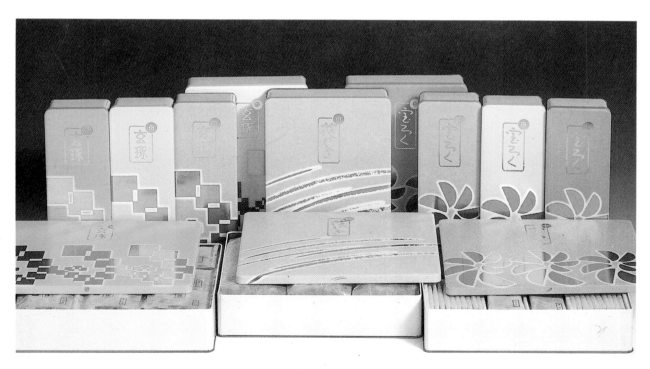

● 以鐵盒盛裝內容物，使用後可保留存放各類小物品

● 不同口味的醬油放置同一盒裝內具展示功能

● 衛生紙的盒裝推出多種顏色，讓消費者有選擇的機會

● 用同一型體不同顏色區分效用

● 將產品表現出來讓消費者一眼就明瞭

● 具展示功能的包裝

● 以手寫方式畫出簡潔的圖形

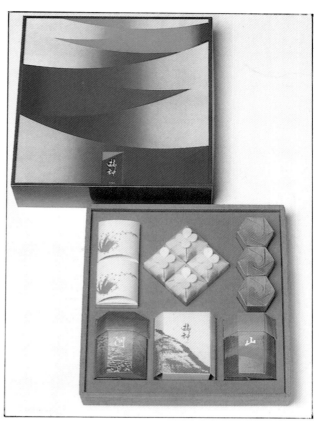

● 具展示功能的包裝

● 以手寫寫出較為特殊的字體，印刷時再加以套色，就成了一組具特色的包裝

● 造形繁多的巧克力包裝

● 具古典氣息的包裝

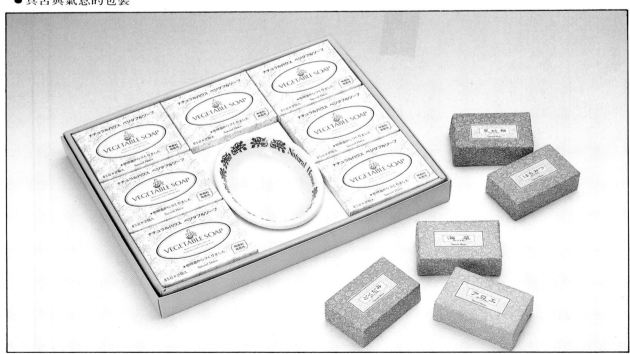

● 包裝盒內附有贈送品，達到促銷的功能

作品欣賞─木器類

● 將麵條放置在木盒裡具有防潮功用

● 將有關物品放在同一禮盒中行成整組的包裝

● 木盒裝的酒類產品

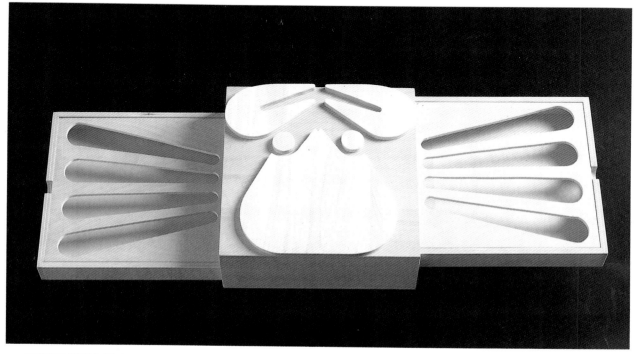

● 圖形可表現包裝趣味感

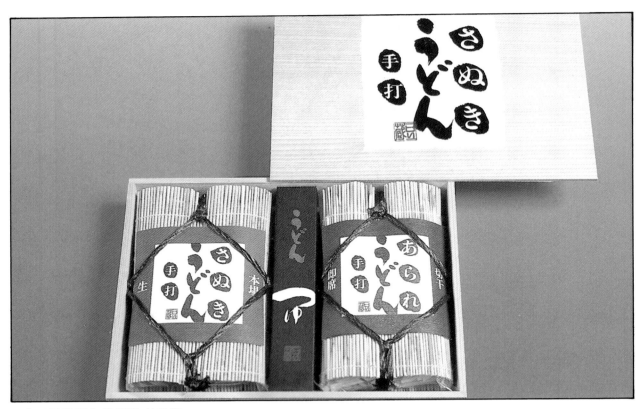

● 產品以竹簾包裝特殊有意義

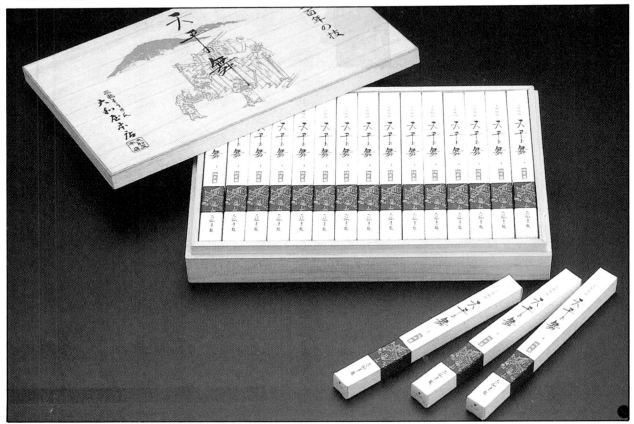

● 較具仿古的包裝

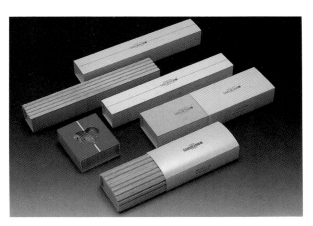

● 將木材條狀化

● 將木材條狀化使堅硬木頭變的柔軟

● 具鄉村氣息的竹桶

● 用竹葉片來表現產品

● 用竹葉片來表現產品

● 盛裝著壽司的木盒

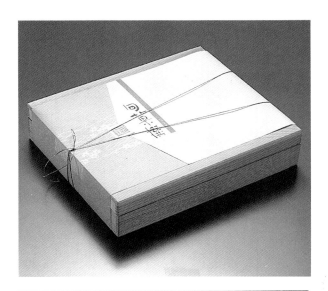

●以柔合的顏色跟木盒相互映襯

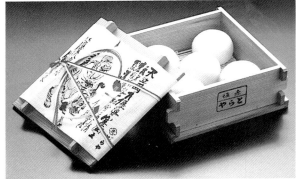

●以竹葉片為內包裝木盒為外包裝

●圖案的配合相當成功

● 以黑貓為造形頗有
　神祕感

● 抽取式衞生紙用猴子為造形，達到俏皮可愛

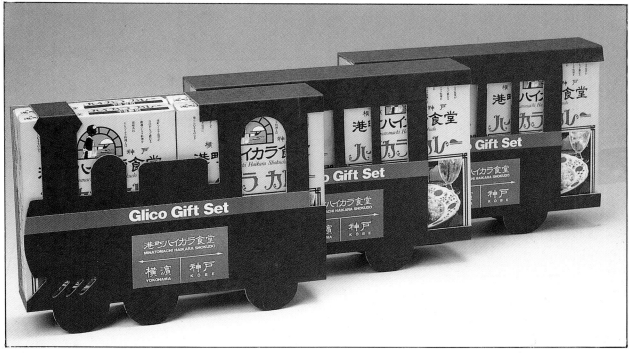

● 以火車頭為造形創意很高

作品欣賞－罐裝類

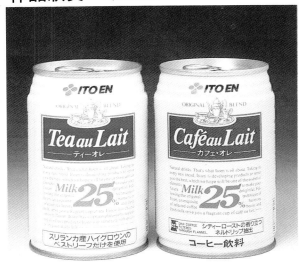

● 以不同顏色區分口味

● 以不同顏色區分口味

● 以藍色為主的罐裝

● 以棕色茶色為主把咖啡的味道點了出來

● 鮮明的色彩分出不同口味

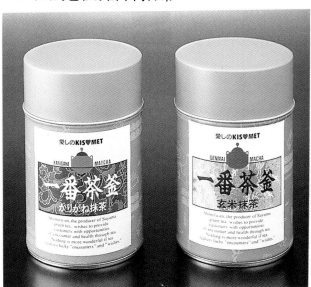

● 綠色系為主的茶葉罐

● 罐裝的酒類

● 罐裝果汁

● 以簡單色塊表現口味

● 用藍色系爲主的罐裝，具清涼的感覺

● 將圖片表現出來使消費者容易明瞭

● 以簡易的色塊將果實點出來

● 具古典風味

● 用人物來作爲
　促銷的重點

● 較現代的設計

● 較爲古典的罐裝

其他

● 測量儀器的包裝

● 筆記本的包裝

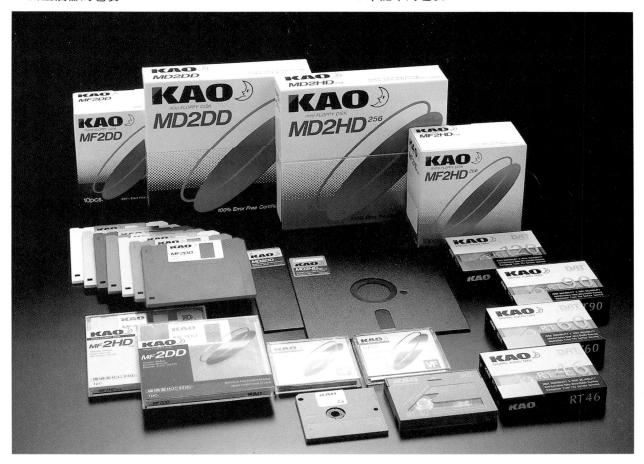

● 電腦磁片、錄音帶的包裝

● 底片的包裝

● 乾電池的包裝

● 麵條的包裝

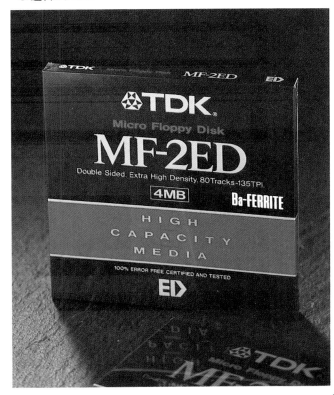

● 電腦磁片的包裝盒

錄音帶的個裝

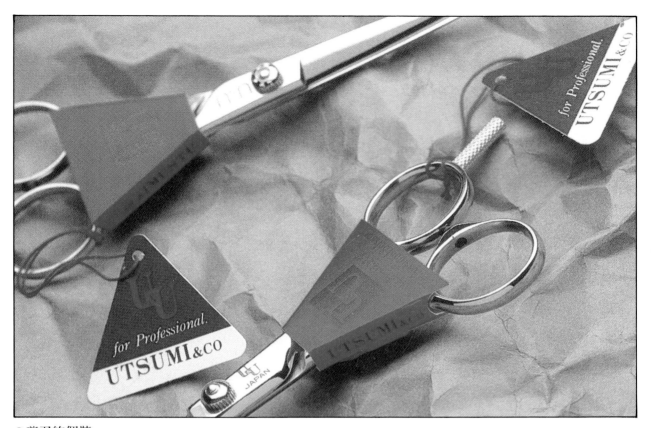

● 剪刀的個裝

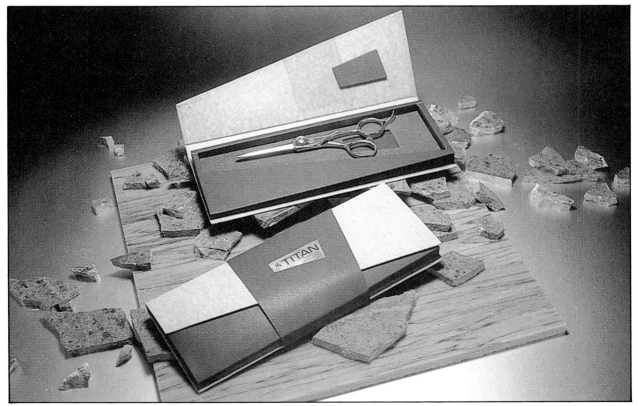

● 剪刀的內包裝

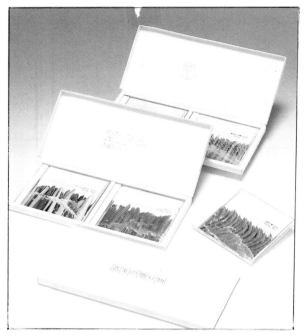

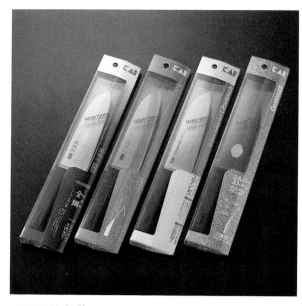

● 刀子的包裝

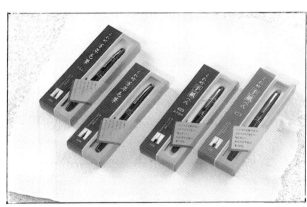

● 造形可愛活潑的包裝令小孩們喜愛

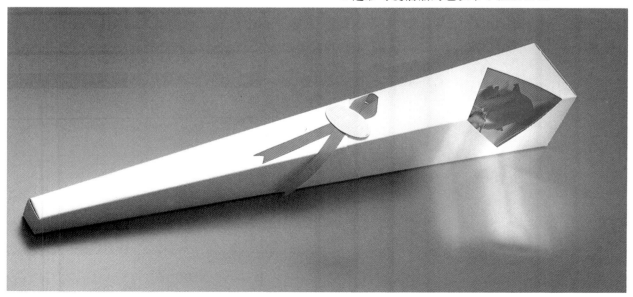

● 一朵花的包裝，適合送給情人

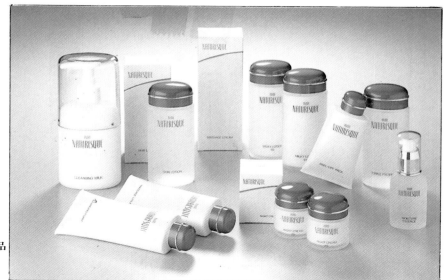

●瓶蓋用綠色加銀邊襯托化裝品的性質

包裝設計
點線面

定價：450元

出　版　者：新形象出版事業有限公司
負　責　人：陳偉賢
地　　　址：台北縣永和市中正路498號2F
門　　　市：北星圖書事業股份有限公司
　　　　　　永和市中正路498號
電　　　話：9229000(代表)
ＦＡＸ：9229041

編　著　者：新形象出版公司編輯部
發　行　人：顏義勇
總　策　劃：陳偉昭
美術設計：張呂森、蕭秀慧、葉辰智
美術企劃：劉芷芸、張麗琦、林東海

總　代　理：北星圖書事業股份有限公司
地　　　址：台北縣永和市中正路391巷2號8F
電　　　話：9229000(代表)
ＦＡＸ：9229041
郵　　　撥：0544500-7　北星圖書帳戶
印　刷　所：弘盛彩色印刷股份有限公司

行政院新聞局出版事業登記證／局版台業字第3928號
經濟部公司執照／76建三辛字第214743號

2013年10月
ISBN 957-8548-51-6

國立中央圖書館出版品預行編目資料

包裝設計點線面／「新形象」編輯部編著. --第
　一版. -- [臺北市]永和市：新形象，民82
　面：　公分. -- (廣告設計叢書；3)
　ISBN 957-8548-51-6(平裝)
　1.包裝

496.18　　　　　　　　　　　　82008348